飛行機設計入門

飛行機はどのように設計するのか

片柳亮二[著]

日刊工業新聞社

はじめに

　飛行機を見て格好いいと思う人は多いのではないだろうか．地上の飛行機もそうであるが，飛んでいる姿は更に格好いい．なぜだろうか．その理由は明確ではないが，恐らく空気の流れが最も自然となるような流線型を基調とした流れるような形，言い換えれば自然と調和した形になっているからではないかと思う．鳥が飛んでいるのを見るのも楽しいものである．人が鳥のように飛びたいと思ったのも無理からぬ話である．

　最初は鳥の翼のように羽ばたくことを考えたが，結局不可能であった．今日のように固定の翼を利用したのはまさに人間の知恵である．ライト兄弟は風洞試験装置（筒の中に空気を流して翼の力などを計測する装置）を作り，主翼の性能を実験で確かめたそうである．重たい飛行機が空中に浮き上がる原理は単純である．重量よりも大きい機体上方に働く力（揚力）を発生させ，後ろ向きに働く抵抗力（専門語では抗力という）よりも大きいエンジン推進力（推力という）が得られれば飛行機は飛ぶことができる．これほど飛行機が発達した理由は，固定翼が素晴らしい能力を持っているからである．その能力とは，畳1枚で自家用車1台を持ち上げられる効率のよい主翼であり，またそのときの抗力は揚力の1/15程度の小さな値であることである．例えば，100 t の飛行機は7 t の推力があれば飛行できる．

　一方，飛行機の形は多種多様である．もし揚力に対する抗力最小の機体を追求していくと皆同じような形になってしまう可能性もあるが，実際にはそうなっていない．それは使用目的に応じて最適な形があるからである．本書は，**飛行機を設計する場合，その形状はどのように決めるのか**を解説したものである．一見複雑に見える飛行機の形は驚くほど数少ないパラメータ（形状を決める数値）によって表される．本書により，飛行機の形状設計法について学び，いろいろな飛行機を見るときの参考にしていただけると幸いである．

はじめに

　最後に，本書の執筆に際し，特段のご尽力をいただいた日刊工業新聞社の編集担当，三沢　薫氏にお礼申し上げます．

2009 年 8 月

片柳亮二

目　次

はじめに　　*i*
主な記号表　　*v*

✈ 第1章　飛行機の形を決めるパラメータ ────── *1*
1.1　代表的なパラメータ ………………………………………… *1*
1.2　パラメータ変化による形状変化例 ………………………… *3*

✈ 第2章　空力設計 ──────────────────── *7*
2.1　空気の流れによる力 ………………………………………… *7*
2.2　ベルヌーイの定理 …………………………………………… *11*
2.3　揚力係数と抗力係数 ………………………………………… *13*
2.4　レイノルズ数 ………………………………………………… *15*
2.5　粘性を考慮した揚力および抗力 …………………………… *17*
2.6　揚力発生の原理 ……………………………………………… *19*
2.7　翼型の特性 …………………………………………………… *22*
2.8　アスペクト比と吹き下ろし ………………………………… *39*
2.9　吹き下ろしによる誘導抗力と揚力傾斜 …………………… *43*
2.10　テーパ比の影響 ……………………………………………… *47*
2.11　空力中心と風圧中心 ………………………………………… *54*
2.12　後退角と揚力特性 …………………………………………… *60*
2.13　前縁半径の影響 ……………………………………………… *66*
2.14　有害抗力係数 ………………………………………………… *68*
2.15　全機の抗力係数 ……………………………………………… *68*
2.16　自動車とは異なる抗力の不思議 …………………………… *70*
2.17　揚力と抗力の比が飛行性能を左右する …………………… *73*

✈ 第3章　安定性・操縦性 ─────────────── *77*
3.1　機体運動を表す座標軸と変数 ……………………………… *77*
3.2　縦の静安定 …………………………………………………… *79*

- 3.3 縦の動安定 ……………………………………………… 87
- 3.4 縦の操舵応答 …………………………………………… 94
- 3.5 上反角効果 ……………………………………………… 101
- 3.6 方向安定 ………………………………………………… 107
- 3.7 横・方向の動安定 ……………………………………… 110

第4章　飛行性能 ———————————————— 119

- 4.1 航続距離を長くする巡航飛行方法 …………………… 119
- 4.2 航続距離を大きくする燃料重量比 …………………… 124
- 4.3 航続距離から決まる着陸／離陸重量比 ……………… 127
- 4.4 巡航飛行から決まる推力重量比 ……………………… 127
- 4.5 離陸距離の3つの要素 ………………………………… 129
- 4.6 離陸滑走距離の推算 …………………………………… 130
- 4.7 離陸滑走距離による推力重量比と翼面荷重 ………… 132
- 4.8 離陸引き起こしと重心前方限界 ……………………… 132
- 4.9 着陸距離の3つの要素 ………………………………… 134
- 4.10 着陸滑走距離の推算 …………………………………… 135
- 4.11 着陸滑走距離による翼面荷重 ………………………… 136
- 4.12 接地速度 ………………………………………………… 137
- 4.13 接地速度による翼面荷重 ……………………………… 138
- 4.14 転覆角と重心後方限界 ………………………………… 138

第5章　飛行機設計の具体的手順 ———————————— 141

- 5.1 飛行性能を満足する推力重量比と翼面荷重 ………… 142
- 5.2 機体規模の決定 ………………………………………… 158
- 5.3 種々の機体の設計例 …………………………………… 167
- 5.4 まとめ …………………………………………………… 177

参 考 文 献 ……………………………………………………… 181
索　　　引 ……………………………………………………… 183

主な記号表

記号	単位	内容
$A = \dfrac{b^2}{S} = \dfrac{2b}{c_r(1+\lambda)}$	[—]	翼のアスペクト比（縦横比）
b	[m]	翼幅（スパン）
b_J	[kgf/(h・推力 kgf)]	燃料消費率（SFC）
c	[m]	翼弦長
c_t	[m]	翼端弦長
c_r	[m]	翼根弦長
$\bar{c} = \dfrac{2}{3} c_r \left(\lambda + \dfrac{1}{1+\lambda} \right)$	[m]	平均空力翼弦
$C_D = \dfrac{D}{\bar{q}S} = C_{D_0} + C_{Di}$	[—]	抗力係数
C_{D_0}	[—]	有害抗力（parasite drag）係数
$C_{Di} = kC_L{}^2$	[—]	誘導抗力（induced drag）係数
$C_L = \dfrac{L}{\bar{q}S} = \dfrac{2L}{\rho V^2 S}$	[—]	揚力係数
C_{L_1}	[—]	抗力 D が最小、C_L/C_D が最大となる C_L
C_{L_3}	[—]	$C_L/C_D{}^{3/2}$ が最大となる C_L
$C_{L_{max}}$	[—]	最大揚力係数
C_{L_α}	[1/deg]	揚力傾斜
C_{li}	[—]	主翼断面の理想迎角での揚力
$C_{l_{max}}$	[—]	主翼断面の最大揚力
$C_{m_{\delta e}}$	[1/deg]	エレベータ 1 deg あたりのモーメント増加
C_{l_α}	[1/deg]	二次元揚力傾斜
D	[kgf]	抗力
e	[—]	飛行機効率
$g = 9.8$	[m/s^2]	重力加速度
h	[ft]	高度
$k = 1/(\pi e A)$	[—]	誘導抗力の係数
$\mathrm{k} = \dfrac{W_{TO}}{W_{fixed}}$	[—]	増大係数（growth factor）

主な記号表

記号	単位	内容
L	[kgf]	揚力
L_0	[m]	着陸滑走距離
L_1	[m]	着陸距離
$M=V/a$	[—]	マッハ数
m	[kgf·s²/m]	質量（$=W/g$）
$n=\dfrac{L}{W}$	[—]	荷重倍数
p	[deg/s]	ロール角速度
P	[kgf/m²]	大気圧
q	[deg/s]	ピッチ角速度
$\bar{q}=\dfrac{1}{2}\rho V^2$	[kgf/m²]	動圧（または、Pa＝N/m²＝kg/(m·s²)）
r	[deg/s]	ヨー角速度
R	[km]	航続距離
$Re=\dfrac{V\bar{c}}{\nu}$	[—]	レイノルズ数
s_0	[m]	離陸滑走距離
s_1	[m]	離陸距離
$S=\dfrac{b}{2}c_r(1+\lambda)$	[m²]	主翼面積（平面に投影したときの面積）
S.R.	[km/kgf]	比航続距離 (specific range)
t	[s]	時間
t	[m]	翼厚
t/c	[%]	翼厚比
T	[kgf]	エンジン推力
T/W	[—]	推力重量比
V	[m/s]	機体速度
V_{LO}	[m/s]	離陸速度
V_{TD}	[m/s]	着陸速度
V_s	[m/s]	失速速度
W	[kgf]	機体重量
W_{crew}	[kgf]	乗員重量
W_{empty}	[kgf]	自重（$W_{str}+W_{pp}+W_{eq}$）

主な記号表

記号	単位	内容
W_{eq}	[kgf]	固有装備重量
W_{fuel}	[kgf]	燃料重量
W_{fixed}	[kgf]	$W_{crew}+W_{pay}$
W_{pay}	[kgf]	ペイロード
W_{pp}	[kgf]	動力装備重量
W_{str}	[kgf]	機体構造重量
W_{TO}	[kgf]	離陸重量
W/S	[kgf/m^2]	翼面荷重
α	[deg、rad]	迎角 $=\left(57.3\tan^{-1}\dfrac{w}{u}\right)$
β	[deg、rad]	横滑り角
γ	[deg]	飛行経路角 ($=\theta-\alpha$)
Γ	[deg]	上反角
δa	[deg]	エルロン舵角
δe	[deg]	エレベータ舵角
δr	[deg]	ラダー舵角
$\dfrac{\partial\varepsilon}{\partial\alpha}$	[―]	吹き下ろしの勾配
θ	[deg]	ピッチ角
$\lambda=c_t/c_r$	[―]	翼の先細比(テーパ比)
$\Lambda_{C/4}$, $\Lambda_{C/2}$	[deg]	翼の$c/4$線、$c/2$線の後退角
Λ_{LE}, Λ_{TE}	[deg]	翼の前縁後退角、後縁後退角
μ	[―]	タイヤの摩擦係数
ν	[m^2/s]	動粘性係数
ρ	[kgf·s^2/m^4]	空気密度
ρ_0	[kgf·s^2/m^4]	S.L.(海面上)での標準空気密度で、$\rho_0=0.12492$ (kgf·s^2/m^4)
ϕ	[deg]	ロール姿勢角(バンク角とも言われる)

第1章 飛行機の形を決めるパラメータ

 飛行機の形を決めるパラメータ(形状を決める数値)について考えよう.**図1.1-1**は,機体の形を正面図,平面図および側面図の3つの図に表したもので,3面図と呼ばれる.習慣上機首を左向きに描く[8].

1.1 代表的なパラメータ

 図1.1-1に示すように,主翼および水平尾翼は共にそれぞれ代表的な5個のパラメータで表すことができる.まず,①の翼面積であるが,飛行機にとって最も重要なパラメータである.機体を持ち上げる力(揚力)は翼面積に比例する.②の後退角は飛行機が速く飛ぶために必要である.③のテーパ比は翼端の弦長と翼根の弦長との比であり,先細比とも言われる.④の翼幅は長い程空気力の発生効率が良くなるが,構造強度上の制限がある.⑤の上反角は翼が上側に反っている角度であるが,横滑り運動したときに自然に横滑りを減少させる効果を与える.これらの5個のパラメータは水平尾翼についても同様である.垂直尾翼には上反角はないので4個,また胴体は2個が代表的なパラメータである.

第1章 飛行機の形を決めるパラメータ

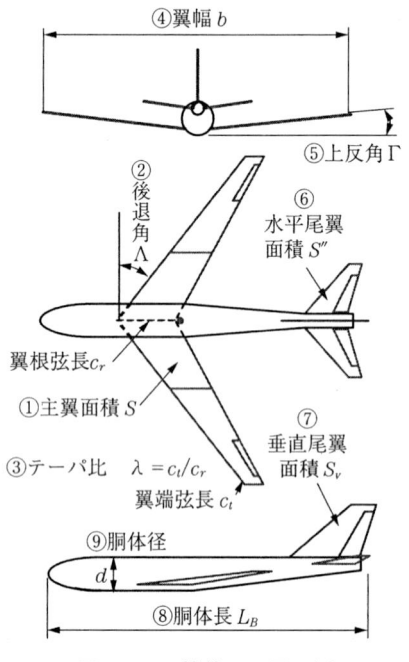

図 1.1-1　機体 3 面図の例

　これら合計 16 個のパラメータで飛行機の形が決まると考えてよい．ただし，細かくいうと，翼断面の形状，主翼と尾翼の距離，胴体に対する主翼および尾翼の上下位置などを決める必要があるが，主要なものは上記 16 個のパラメータである．なお，①主翼面積 S と④主翼翼幅 b から計算されるアスペクト比 A も主翼の性能を表す重要な指標であり，上記パラメータとともに使用される．これらの代表的なパラメータがどのように決められるのかをこれから説明していこう．

代表的なパラメータ（形状を決める数値）

（1）主翼　　（下記○番号は図 1.1-1 参照）
　①翼面積 S，②後退角 Λ，③テーパ比 λ，④翼幅 b，⑤上反角 Γ
（2）水平尾翼
　⑥翼面積 S''，後退角 Λ''，テーパ比 λ''，翼幅 b''，上反角 Γ''
（3）垂直尾翼
　⑦翼面積 S_v，後退角 Λ_v，テーパ比 λ_v，翼幅 b_v
（4）胴体
　⑧胴体長 L_B，⑨胴体径 b
（5）その他
　アスペクト比（縦横比）$A=b^2/S$
　なお，テーパ比は先細比，翼幅はスパンともいう．

1.2 パラメータ変化による形状変化例

　上記パラメータが，機体形状とどのような関係になっているのかを簡単な例で見てみよう．適宜問題を出すが，解答は以下の本文中に示す．

問 1.2-1

後退角を変化させた場合
　主翼の後退角 Λ を 0(deg)，42(deg)，60(deg) と変化させた場合，機体のイメージがどのように変わるかを実際に描いて説明せよ．ただし，それ以外のパラメータは同じとする．

　図 1.2-1 は主翼の後退角 Λ を変化させた場合である．真中の図はジャンボ機で，後退角 $\Lambda=42$(deg) である．この形状に対して，左の図は後退角 Λ を 0 (deg) にしたもの，右の図は後退角 Λ を 60(deg) にしたもので，それ以外のパラメータ（翼面積，テーパ比，翼幅，上反角，アスペクト比）は同じである．

第1章 飛行機の形を決めるパラメータ

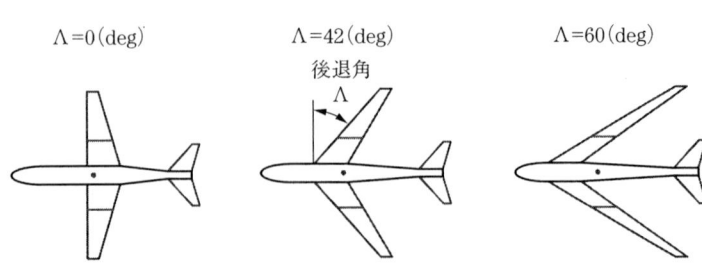

図 1.2-1 主翼後退角 Λ の変化

後退角を変えただけでずいぶんと感じが変わってくる.

問 1.2-2

テーパ比を変化させた場合

主翼のテーパ比（先細比）λ を 0.0, 0.32, 1.0 と変化させた場合, 機体のイメージがどのように変わるかを実際に描いて説明せよ. ただし, それ以外のパラメータは同じとする.

図 1.2-2 は主翼テーパ比（先細比）λ を変化させた場合である. 真中の図はジャンボ機であり, 左の図は $\lambda=0$ で三角翼となっている. 右の図は $\lambda=1$ で翼端まで翼断面の長さ（翼弦長という）が同じであるが, 主翼に働く空力荷重を翼の付け根で支えるのが難しそうな機体である.

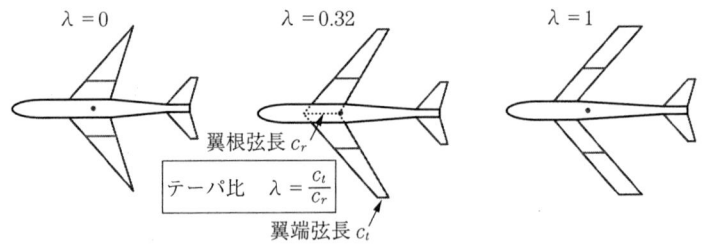

図 1.2-2 主翼テーパ比（先細比）λ の変化

1.2 パラメータ変化による形状変化例

問 1.2-3

翼幅を変化させた場合

主翼の翼幅 b を 30(m), 60(m), 120(m) と変化させた場合, 機体のイメージがどのように変わるかを実際に描いて説明せよ. ただし, それ以外のパラメータは同じとする.

図 1.2-3 は主翼翼幅 b を変化させた場合である. 真中の図はジャンボ機であり, 左の図は翼幅 b を半分にした場合, 右の図は翼幅 b を 2 倍にした場合である. もちろん翼面積は同じであるが, 翼幅を変えたのでアスペクト比 ($A = b^2/S$) も変化している. 翼幅を変えると機体形状が大きく変化することがわかる.

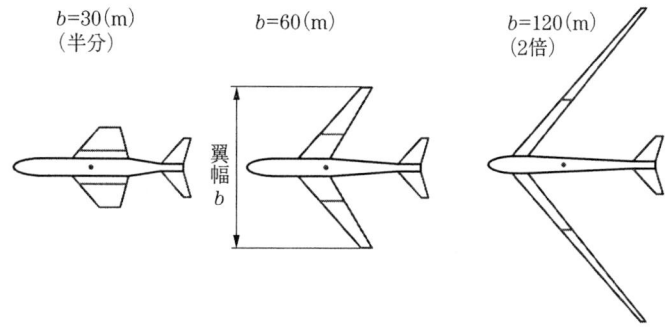

図 1.2-3　主翼翼幅 b の変化

第2章 空力設計

　飛行機を持ち上げるためには，重量よりも大きい機体上方に働く空気力（これを**揚力**という）を発生させる必要があるが，これだけでは飛行機はうまく飛ばない．その揚力を維持するために，前に進む速度を保つ必要がある．後ろ向きに働く抵抗力（専門語では**抗力**という）よりも大きいエンジン推進力（推力という）があって初めて飛行機は安定に飛ぶことができる．本章では，まず機体に働く揚力と抗力について述べる．特に抗力は，自動車のような地上の乗り物と大きく異なる性質を持つ．機体には揚力と抗力の他に種々の空気力が発生する．機体に働く空気力を略して"**空力**"（"くうりき"と読む）というが，本章では，飛行機を設計するために必要な空力設計について述べる．

2.1 空気の流れによる力

　空気の流れがどのくらいの力を出すのか，次の問題を考えてみよう．解答は以下の本文中に示す．

問 2.1-1

空気の流れによる力

右図のようにホースの一端から速度の空気が流入し，90°曲がった他端から直角方向に吐き出されている．このときホースに働く力 F_x および F_y を求めよ．ただし，ホース断面積を A，空気密度を ρ とする．

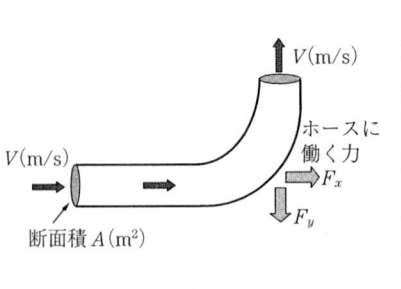

図 2.1-1 に示すように，断面積 A のホースに速度 V の空気が流入しているので，1 秒間にホースに流れ込む質量は，空気密度を ρ とすると ρAV である．このときの［質量×速度］で表せる運動量について考えると，速度は V であるから 1 秒間にホースに流れ込む運動量は ρAV^2 である．ホースは途中で 90°折れ曲がるので，そこでの流入方向の運動量は 0 になる．一方，1 秒間に吐き出される運動量は ρAV^2 であるが，向きが流入方向と 90°変化しているため，吐き出される方向の 1 秒間の運動量変化も同じく ρAV^2 である．ニュートンの運動方程式によれば，単位時間（ここでは 1 秒間と表現する）の運動量の変化は力 F に等しいので，ホースには流入方向に ρAV^2 の力が，また吐き出し方

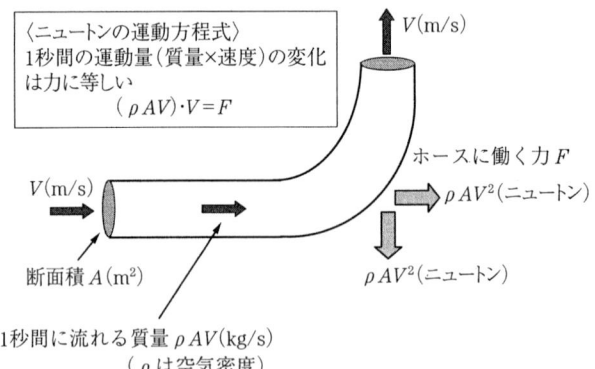

図 2.1-1　空気の流れによる力

2.1 空気の流れによる力

向と反対方向に同じく ρAV^2 の力が働く．

　飛行機には実際にどのくらいの空気力が働いているのか，次の問題で具体的な数値を求めてみよう．

問 2.1-2

飛行機に働く空気力

　速度 V は旅客機の着陸速度として 250（km/h）とする．断面積 A は飛行機の翼の一部分として畳 1 枚分 1.65（m²）に働く空気力を計算せよ．空気密度 ρ は地上付近として 0.1249（kgf·s²/m⁴）とする．ここでは，飛行機の重量を通常使用される何 t（=1,000 kgf）と表現するとわかりやすいので工学単位を用いる．

　空気力は1秒間における運動量変化 ρAV^2 であるから，上記データを用いて計算すると，下記に示すように約 1（t）になる．すなわち，旅客機が着陸する速度では，畳 1 枚の面積で自家用車 1 台持ち上げる程の力が生じることがわかる．

空気密度（地上） 　　　　　$\rho = 0.1249$（kgf·s²/m⁴）
断面積（畳 1 枚）　　　　　$A = 1.65$（m²）
速度（旅客機の着陸速度）　$V = 250$（km/h）$= 70$（m/s）
　⇒ **力** $F = \rho AV^2$
　　　　$= 0.1249 \times 1.65 \times 70^2 = 1$（t）

　このように，空気の流れによる力は，空気密度（ρ），断面積（A），速度の 2 乗（V^2）に比例する．一方，航空機は，いろいろな高度（高度で空気密度が変化する）および速度で飛行するが，また機体の大きさもいろいろな種類がある．大きければ面積が大きくなるのでそれに働く力も大きくなり，速度が速ければ力も大きくなる．そこで飛行機の特性を高度，速度，大きさに関係なく論ずるために，断面積を $A = 0.5$（m²）とした場合の次式を**動圧（dynamic pressure）**と定義して，その何倍の空気力が生じているのかと考える．

第2章　空力設計

動圧：$0.5\rho V^2$　（kgf/m²）

この0.5という係数は，運動エネルギーが$(1/2)mV^2$と表されるために，エネルギーの関係式を考えていくときに便利であることによる．動圧は圧力と同じ単位であるから，飛行機の大きさを表すパラメータとして翼面積Sを動圧に掛けると，次のように力の単位になる．

力：$0.5\rho V^2 S$　（kgf）

したがって，この値で飛行機に働く空気力を割ると無次元の値となる．飛行機の重量を支えるための空気力を**揚力**というが，揚力を動圧×翼面積の値（上記の力を表す基準量）で割った無次元の値を**揚力係数**という．この無次元の揚力係数を用いると，その飛行機の高度，速度および大きさを同じにして空気力の発生効率がよいかどうかを比較検討できる．このように，動圧は速度の2乗に比例するので，飛行機が比較的速度の速い高空巡航では，重量を支えるための揚力を容易に作り出すことができる．

問 2.1-3

高空巡航と着陸時の揚力比較

速度の速い高空巡航では，重量を支えるための揚力は容易に作り出せるが，着陸時のように速度が低い場合はどのように重量を支えているのかを，高空巡航と着陸時の揚力内訳を示して説明せよ．

図 2.1-2 に高空巡航と着陸時の揚力比較を示す．速度が1/3.5に低くなるのでその2乗の1/12に減少した分を，揚力係数を4倍にして対処している．そ

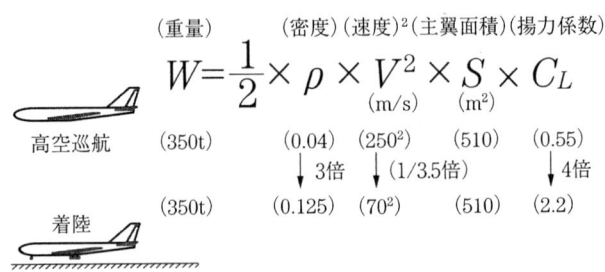

図 2.1-2　高空巡航と着陸時の揚力比較

して，注目すべきは空気密度が着陸時は3倍に増えていることである．高度が低くなると空気密度が増加するが，これは非常に幸いなことで，飛行機が発達した理由はここにあると言っても過言ではない．

2.2 ベルヌーイの定理

空気の流れの解析に便利なベルヌーイの定理について整理しておこう．

問 2.2-1

高度変化がない場合のベルヌーイの定理

流速 V_1，圧力 P_1 の空気が，流速 V_2，圧力 P_2 に変化した．空気密度を ρ とすると次のベルヌーイの定理が成り立つことを示せ．

$$P_1 + \frac{1}{2}\rho V_1^2 = P_2 + \frac{1}{2}\rho V_2^2$$

図 2.2-1 に示すように，高度変化を考えない場合には，断面積 A_1 に流入する速度 V_1，圧力 P_1 の空気が，断面積 A_2 から速度 V_2，圧力 P_2 で流れ出る場合を考える．このとき，1秒間に流れる平均質量に，流入時と流出時の速度変化を掛けると，1秒間における運動量変化となる．これは流れ方向の圧力による力に等しくなるので，上記ベルヌーイの定理が得られる．

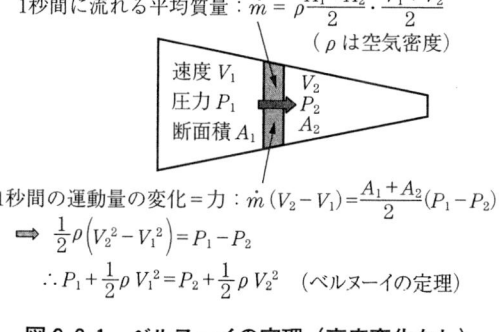

図 2.2-1　ベルヌーイの定理（高度変化なし）

次に，速度変化がないとして，高度変化に対するベルヌーイの定理を考えてみよう．

問 2.2-2

高度変化に対するベルヌーイの定理

速度変化はないとする．いま高度 h_1，圧力 P_1 の空気が，高度 h_2，圧力 P_2 に変化した．このとき空気密度を ρ とすると次のベルヌーイの定理が成り立つことを示せ．

$$\frac{P_1}{\rho} + gh_1 = \frac{P_2}{\rho} + gh_2$$

図 2.2-2 に示すように，高度 h における断面積 A の微小高度変化 dh の部分に作用する力の釣り合いを考える．この部分の質量に働く重力とこの断面積部分に作用する圧力差との釣り合い式を高度で積分することにより，圧力変化と高度変化に対するベルヌーイの定理が得られる．

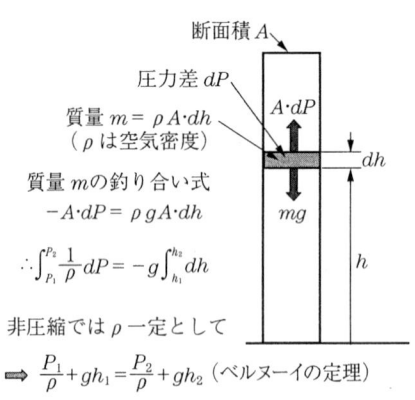

図 2.2-2 ベルヌーイの定理（高度変化）

問題 2.2-1 と問題 2.2-2 をまとめると，空気の流線（翼に煙を流したときに見える流れの線）に沿って，次式の一般的なベルヌーイの定理（エネルギー一定の式）が得られる．

$$\boxed{P + \rho gh + \frac{1}{2}\rho V^2 = 一定}$$ （ベルヌーイの定理）

2.3 揚力係数と抗力係数

図 2.3-1 は機体に働く力を示したものである．機体を持ち上げる力を**揚力** L，飛行方向の反対側の力を**抗力** D という．揚力および抗力は，動圧 $0.5\rho V^2$（ここで，空気密度 ρ，機体速度 V）に比例し，また主翼面積 S にも比例して大きくなる．

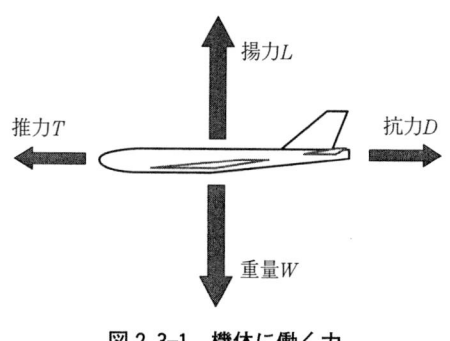

図 2.3-1 機体に働く力

そこで，次のような**揚力係数** C_L および**抗力係数** C_D を定義する．

$$C_L = \frac{L}{0.5\rho V^2 S}$$ （揚力 L，空気密度 ρ，機体速度 V，主翼面積 S）

$$C_D = \frac{D}{0.5\rho V^2 S}$$ （抗力 D，その他同上）

これらの無次元係数を用いると，高度（空気密度 ρ），機体速度 V，機体の大きさ（主翼面積 S）などに無関係な機体形状の性質を表すことができる．例えば，ジャンボ機の特性と軽飛行機の特性を同じ土俵で論じることが可能となる．

上記式からわかるように，揚力係数 C_L および抗力係数 C_D は，揚力および抗力が動圧と翼面積に比例するとしたときの比例係数である．ここで，揚力お

よび抗力が本当に動圧と翼面積に比例するのかどうかを次元解析という手法を用いて検証してみよう．次元解析とは，基礎的な物理的な式の性質を引き出すために用いられるもので，導かれた式の各々の単位をチェックすることにより，物理的な式のミスを見つけるためにも用いられる．

問 2.3-1

次元解析による空気力の表現式の導出

空気力が何に依存するかを考えると，力は流体の密度，物体の大きさ，2つの間の相対速度に依存する．そこで，揚力 L を次式

$$L = K\rho^a V^b l^c \quad (比例係数 K，空気密度 \rho，速度 V，長さ l)$$

で表したとき，a, b, c の指数を次元解析の手法により求めよ．

まず，次元解析は，この式の各項の物理的な量を，基礎的な3つの要素である質量 kg，長さ m，時間 s で表して，両辺の基礎的要素の指数を等しいとして，その指数を決定していく手法である．揚力を基礎的要素で表すと次のようになる．

$$\frac{\text{kg} \cdot \text{m}}{\text{s}^2} = \left(\frac{\text{kg}}{\text{m}^3}\right)^a \left(\frac{\text{m}}{\text{s}}\right)^b \text{m}^c \quad \therefore \quad \text{kg} \cdot \text{m} \cdot (\text{s})^{-2} = (\text{kg})^a \cdot (\text{m})^{-3a+b+c} \cdot (\text{s})^{-b}$$

この式の両辺の次元は等しいので

$$a = 1, \quad -3a + b + c = 1, \quad b = 2$$

の関係式が成り立ち，これから指数が次のように得られる．

$$a = 1, \quad b = 2, \quad c = 2$$

すなわち，揚力 L が一般的に次のように表せることがわかる．

$$L = K\rho V^2 l^2$$

ここで，長さ l の2乗は面積の次元を持つ量であるから，飛行機の場合には主翼面積 S を用いるのが自然である．また ρV^2 の項は 0.5 倍して動圧を用い，このときの比例係数に揚力係数 C_L を用いると次式が得られる．

$$L = \frac{1}{2} \rho V^2 S C_L$$

また，抗力 D についても同様に，$D = \frac{1}{2} \rho V^2 S C_D$ を得る．

2.4 レイノルズ数

次に，翼に働く力がどのように発生するのかを考えてみよう．図 2.4-1 は翼に空気流が当たった場合，流線が上下に分かれて流速が変化する．ベルヌーイの定理によれば，流速の変化に対応して圧力が変化する．翼表面上の圧力から生じる力の垂直方向成分は揚力であり，流れ方向の力は**圧力抵抗**または**形状抵抗**である．

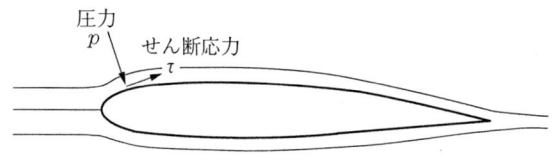

図 2.4-1　翼に働く力

また，図 2.4-2 に示すように，翼の表面には**境界層**と呼ばれる薄い層があり，この層内では流速が翼上で 0，境界層の端で通常の流速と厚さ方向に変化している．この厚さ方向の流速変化が**せん断応力**となって**表面摩擦抵抗**と呼ばれる抵抗になる．この抵抗は流体に**粘性**という性質があるために生じるものである．

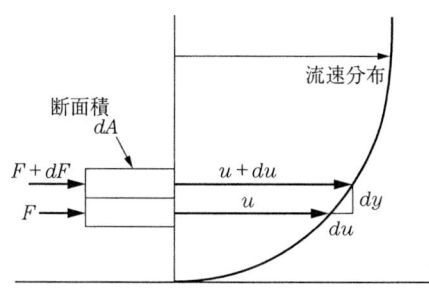

図 2.4-2　境界層内の流れ

境界層内では，厚さ dy の隣り合った層に作用するせん断応力 τ は次の関係式で与えられる．

$$\tau = \frac{dF}{dA} = \mu \frac{du}{dy}$$

第2章　空力設計

ここで，μ は**粘性係数**である．せん応力 τ は単位面積当たりの力であり，速度 u は m/s，境界層の厚さ方向 y は m の単位であるから，

$$\tau = \frac{\mathrm{kg \cdot m/s^2}}{\mathrm{m^2}} = \frac{\mathrm{kg}}{\mathrm{m \cdot s^2}}, \qquad \frac{du}{dy} = \frac{\mathrm{m/s}}{\mathrm{m}} = \frac{1}{\mathrm{s}}$$

であり，これから粘性係数 μ の単位は次のように表される．

$$\mu = \frac{\tau}{du/dy} = \frac{\mathrm{kg/(m \cdot s^2)}}{1/\mathrm{s}} = \frac{\mathrm{kg}}{\mathrm{m \cdot s}}$$

問 2.4-1

2つの流れが相似になる条件

物体の形が同じで，大きさ l，圧力 p，速度 V，空気密度 ρ および粘性係数 μ が異なる2つの流れの状態が同じ（相似）となるためには，どんな条件が必要かを次元解析により求めよ．ただし，空気密度は変化しない（**非圧縮性**という）と仮定する．

空気の流れに働く力には次のような要素があるが，これらを大きさ l，圧力 p，速度 V，空気密度 ρ および粘性係数 μ で表してみると次のようになる．

　圧力による力：$F_p = p \cdot l^2$

　慣性力：$F_I =$ 質量 $\times$ 加速度 $= \rho \cdot l^3 \cdot \dfrac{l}{\mathrm{s}^2} = \rho V^2 \cdot l^2$

　粘性力：$F_\mu = \mu \dfrac{du}{dy} \cdot l^2 = \mu \dfrac{V}{l} \cdot l^2 = \mu V \cdot l$

この中で，圧力による力は非圧縮性の流れでは形状によって変化し，流れの性質によっては変化しない．したがって流れが相似になるためには，上記慣性力と粘性力を考えればよい．したがって，これらの比が同じであれば，2つの流れは相似になる．そこでそれらの比 Re を**レイノルズ数**と定義する．

$$Re = \frac{慣性力}{粘性力} = \frac{\rho V^2 \cdot l^2}{\mu V \cdot l} = \frac{\rho V \cdot l}{\mu} = \frac{V \cdot l}{\nu}$$

　（空気密度 ρ，速度 V，大きさ l，粘性係数 μ，動粘性係数 $\nu = \mu/\rho$）

なお，この式の動粘性係数の単位は次のようである．

$$\nu = \frac{\mu}{\rho} = \frac{\mathrm{kg}/(\mathrm{m \cdot s})}{\mathrm{kg/m^3}} = \frac{\mathrm{m^2}}{\mathrm{s}}$$

形状が同じで,大きさや粘性係数が変化した流れが相似になる様子を図2.4-3 に示す.

レイノルズ数 $Re = \frac{V \cdot l}{\nu}$ が同じ ⇒ 形状が同じ2つ流れが相似

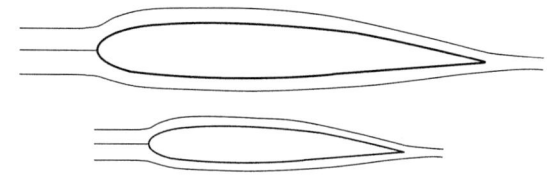

(例)大きさlが1/2の翼では,速度Vを2倍にすればよい.ただし,動粘性係数$\nu = \mu/\rho$ が同じ場合.もし,νが3倍ならば$V \cdot l$も3倍にする必要がある.

図2.4-3 流れの相似

2.5 粘性を考慮した揚力および抗力

力に影響を与える空気の性質としては,空気密度だけでなく,粘性,乱流の特性もまた重要である.再び揚力および抗力についてこれらを考慮に入れて次元解析を行ってみよう(圧縮性も影響を与えるがここでは考慮しないで進める).

問 2.5-1

粘性を考慮した揚力

与えられた翼形状に対して,揚力を次式

$$L = K\rho^a V^b l^c \mu^d$$

(空気密度ρ,速度V,大きさl,粘性係数μ)

で表したとき,a,b,c,dの指数を次元解析の手法により求めよ.

上記揚力の式を基礎的単位で書くと次のようになる.

$$\frac{\mathrm{kg \cdot m}}{\mathrm{s}^2} = K\left(\frac{\mathrm{kg}}{\mathrm{m}^3}\right)^a \left(\frac{\mathrm{m}}{\mathrm{s}}\right)^b \mathrm{m}^c \left(\frac{\mathrm{kg}}{\mathrm{m \cdot s}}\right)^d = K \cdot \mathrm{kg}^{a+d} \cdot \mathrm{m}^{-3a+b+c-d} \cdot \mathrm{s}^{-b-d}$$

したがって，係数 K は無次元と仮定して両辺の指数を等しく置いて

$$1 = a + d, \quad 1 = -3a + b + c - d \quad -2 = -b - d$$

となる．これらの3つの式は4つの未知数を含むから，1つは他の3つの項で表される．空気の粘性は，4つの変数の中では影響は大きくないので，a, b, c を粘性の指数 d の項で表す．

$$a = 1 - d, \quad b = 2 - d, \quad c = 2 - d$$

このとき，揚力の式は次のように表される．

$$L = K \cdot \rho^{1-d} \cdot V^{2-d} \cdot l^{2-d} \cdot \mu^d = K\rho V^2 l^2 \cdot \left(\frac{\mu}{\rho V l}\right)^d$$

または，

$$L = \frac{1}{2}\rho V^2 S \cdot f(K, Re)$$

（空気密度 ρ，速度 V，翼面積 S，無次元係数 K，レイノルズ数 Re）

この式の中の無次元係数 K としては，迎角 α および形状の影響が考えられる．このとき揚力係数が次のように表される．

$$C_L = \frac{L}{0.5\rho V^2 S} = f(\alpha, \text{形状}, Re)$$

抗力および抗力係数についても，揚力と同様に次のように表される．

$$C_D = \frac{D}{0.5\rho V^2 S} = f(\alpha, \text{形状}, Re)$$

この式でわかるように，揚力係数および抗力係数の信頼あるデータを得るためには，迎角 α と形状だけでなく，レイノルズ数 Re も極力実際と同じ状態にしておく必要がある．

2.6 揚力発生の原理

揚力はどのような原理で発生するのだろうか．この単純な疑問に明確に答えるのは意外と難しい．

問 2.6-1

揚力発生の原理

揚力発生の原理の説明として，次は正しいか間違っているか．

「翼の上面が上側に曲がっているため，翼の上面の速度が速いので圧力が低く上面に吸い上げられる」．

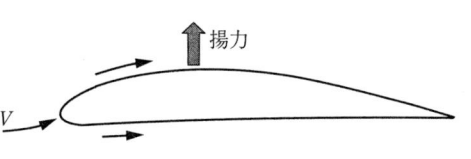

揚力発生の原理の説明として，ときどきこのような誤解した説明を聞くことがある．もしそうであるならば，背面飛行ができなくなってしまうし，平板翼には揚力が生じなくなってしまう．すなわち，上記説明は間違いである．この説明の間違いは，翼の上面と下面との距離が上面の方が長いことから，前縁（翼の先端）で上下に分かれた流れが後縁（翼の後端）で出会うためには，上面の速度が速くなる必要があると考えていることである．後縁で上下面の流れが再び出会う必要はない．

問 2.6-2

平板翼の揚力

平板翼は，上下面の距離は同じである．紙飛行機は平板翼の機体が多いがうまく飛行している．この平板翼に揚力が発生する原理を説明せよ．

図 2.6-1 は，平板翼にある角度をもって空気を流した場合の流線を示している．なぜこのような平板に揚力が発生するのだろうか．

揚力発生の疑問に答えるヒントは**図 2.6-2** に示す流れと図 2.6-1 の流れとの違いである．図 2.6-2 は，平板翼の後縁（後端部分）の流れが，前縁（前側の

第2章 空力設計

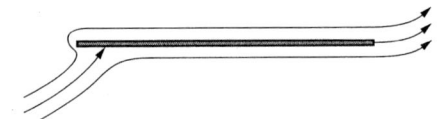

図 2.6-1　平板翼の流れ

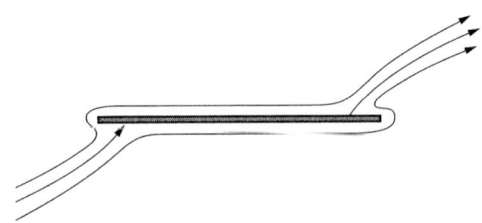

図 2.6-2　後縁に回り込む平板翼の流れ

端）の流れと同じように回り込んで流れる場合である．この場合には，平板の上面と下面の速度分布は対称となって揚力は生じない．

　図 2.6-1 と図 2.6-2 に示す平板翼についての 2 つの流れは，どちらが正しいのであろうか．図 2.6-2 の後縁回り込み流れの方は，空気の粘性を無視して数学的に得られるポテンシャル流と言われる流れの様相であり，実際にはこのような流れは生じない．実際は図 2.6-1 に示すように，後縁から上下面の流れが滑らかに流れ去っていく．この実際の流れを解析的に解くことができないだろうか．実はこの問題は，ドイツのクッタとロシアのジュコフスキーが独立に次のように考えて解決した．

　図 2.6-3 は，上記図 2.6-2 の後縁回り込み流れに対して，平板翼の周りに渦

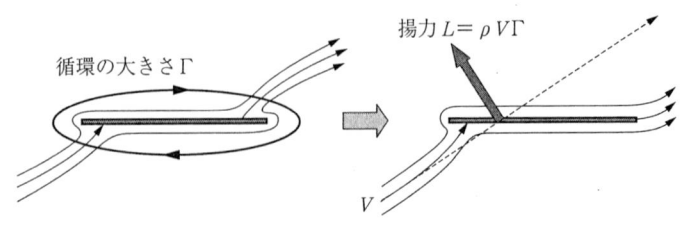

図 2.6-3　循環 Γ を追加した流れ

2.6 揚力発生の原理

流れ（これは**循環流**と言われる）を加えると，上記図2.6-1の現実の平板翼の流れとなることを示している．図2.6-3の循環の大きさΓは翼の後縁から流れがなめらかに流れ去るという条件で決める．これは，**クッタ・ジュコフスキーの条件**と呼ばれている．

図2.6-3の渦流れ（循環流）は次のように生じる．翼が静止空気中を動きだしたときに，後縁の上下面の速度が異なるために渦層が生じ，それが出発渦と呼ばれる渦として発達しながら翼後縁から離れていく際に，渦の作用反作用の性質により，翼回りに同じ大きさで反対回りの渦が取り残される．そして，出発渦が遠くに離れるに従って，後縁の上下面の速度が同じとなると，後縁は滑らかな流れとなり，そのとき循環の大きさが最大となる．この循環の大きさの最大値をΓとすると，翼に作用する揚力（速度方向と直角方向）が次式で与えられる．

$$L = \rho V \Gamma \quad (空気密度 \rho, 速度 V, 循環の大きさ \Gamma)$$

この式は，**クッタ・ジュコフスキーの定理**と呼ばれる．

問 2.6-3

回転円柱に発生する揚力
回転円柱に流れが当たると揚力を発生することが知られている．この揚力発生の原理を説明せよ．

クッタとジュコフスキーが揚力の理論を作り上げたのは，ライト兄弟が初飛行した頃であるが，実はそれより約30年前にレイリーが，テニスボールが曲がって飛ぶ現象（**マグナス効果**として知られていた）を説明するために，流れの中に回転する円柱を置いた場合の流れについて研究し，通常の円柱の流れに循環流を重ね合わせることにより揚力が発生することを説明している（**図2.6-4**）．

図2.6-4の回転円柱の流れは，実際に円柱が回転しているのでこの流れは理解しやすい．すなわち，回転により円柱の上側の流れは加速され，下側の流れは減速されるため，ベルヌーイの定理から，上側の圧力が下側の圧力よりも低くなって揚力を発生する．ところが，回転していない翼の揚力発生の原理を，

この回転円柱の循環流の考え方を用いて導き出したのは偉大なことである．いずれにしても，実際の流れを注意深く観察した結果であろう．

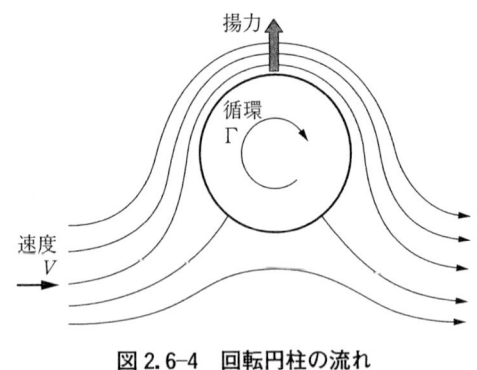

図 2.6-4　回転円柱の流れ

2.7　翼型の特性

ドイツおよび英国にて多くの翼型が研究されてきたが，断片的で統一性に欠けていた面があった．1930年代に入ると，米国NACA（NASAの前身でエヌエーシーエーという）が翼型を系統的に表現する方法により整理し発展させた．本節では，NACAの翼型表示方法を述べた後，翼型の諸特性について述べる．

2.7.1　翼型の表示方法

NACAが翼型を体系的に整理した方法を見てみよう．

問 2.7-1

NACA 翼型の表示方法

NACA翼型の表示方法を説明し，そのような表示方法を採用した理由について述べよ．

図 2.7-1 に NACA 翼型の表示方法を示す．翼弦長 $c=1$ を x 軸として，中心線を $P_c(x, y_c)$ で表す．ここで，y_c は中心線の y 軸の値である．中心線に垂直線上の中心線からの厚さを y_t，その傾きを θ とする．このとき，翼型上面

2.7 翼型の特性

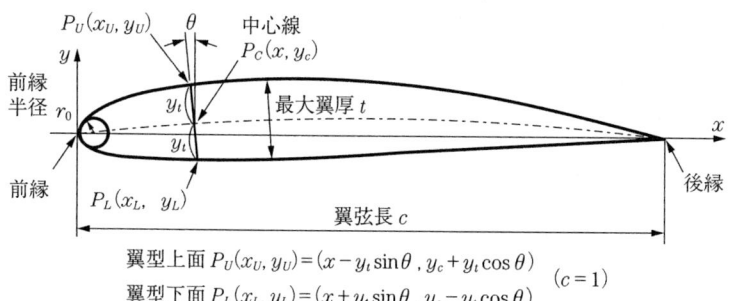

図 2.7-1 NACA 翼型の表示方法

$P_U(x_U, y_U)$, 翼型下面 $P_L(x_L, y_L)$ は図 2.7-1 に示すように, x, y_C, y_t および θ の式で表される.

翼型を中心線 $[P_C(x, y_C), \theta]$ と対称断面 y_t の組み合わせで表すのは, 一般的に翼型は比較的薄く, また中心線の傾きは小さいことから, 翼型表面の流速は近似的に対称翼型による速度分と中心線の傾きによる流速分との和として表すことができるからである.

問 2.7-2

NACA 4 字系翼型

NACA 4 字系翼型は, 最初に系統的に研究されたものである. この翼型系の決め方について説明し, 代表的な翼型である NACA 2412 翼型の数字の意味を述べよ.

NACA 4 字系翼型は, 翼厚は優れた翼型であったゲッチンゲン 398 やクラーク Y を参考として, 次のような翼弦長座標 x の関数式を仮定した.

$$y_t = a_0\sqrt{x} + a_1 x + a_2 x^2 + a_3 x^3 + a_4 x^4$$

この式の 5 つの係数 a_0, a_1, a_2, a_3 および a_4 は次の条件で決めた.

前縁付近 $(x=0.1)$: $(y_t)_{x=0.1} = 0.078$

最大翼厚 $(x=0.3)$: $(y_t)_{x=0.3} = 0.1$, $\left(\dfrac{dy_t}{dx}\right)_{x=0.3} = 0$

後　　縁 $(x=1.0)$：$(y_t)_{x=1.0}=0.002$, $\left(\dfrac{dy_t}{dx}\right)_{x=1.0}=-0.234$

すなわち，翼厚分布は翼厚比 $2\,y_t=0.2$ を基準として次のように決定された．

$$\frac{y_t}{c}=\frac{t/c}{0.20}(0.29690\sqrt{x}-0.12600\,x-0.35160\,x^2+0.28430\,x^3$$
$$-0.10150\,x^4)$$

この式から前縁半径 r_0（図2.7-1参照）が次のように得られる．

$$(x-r_0)^2+y_t{}^2=r_0{}^2$$

$$\therefore\quad \frac{r_0}{c}=\lim_{x\to 0}\left[\frac{x}{2}+\frac{1}{2}\left(\frac{y_t/c}{\sqrt{x}}\right)^2\right]=\frac{1}{2}\left(\frac{t/c}{0.20}\times 0.29690\right)^2=1.1019\,(t/c)^2$$

すなわち，翼厚分布は翼厚比 t/c に比例して厚くなり，前縁半径は $(t/c)^2$ に比例して大きくなる．

中心線については次のように決めた．中心線の反りを"**キャンバー**"と言い，最大キャンバー位置 $x=p$ の前と後を次の2次曲線で表す．

$$y_c=b_0+b_1 x+b_2 x^2$$

$x=p$ の前側は，係数 b_0，b_1 および b_2 は次の条件で決めた．

　　前縁 $(x=0)$　　　　　　　：$(y_c)_{x=0}=0$

　　最大キャンバー $(x=p)$：$(y_c)_{x=p}=m$, $\left(\dfrac{dy_c}{dx}\right)_{x=p}=0$

また，$x=p$ の後側は，次の条件で決めた．

　　最大キャンバー $(x=p)$：$(y_c)_{x=p}=m$, $\left(\dfrac{dy_c}{dx}\right)_{x=p}=0$

　　後縁 $(x=1)$　　　　　　　：$(y_c)_{x=1}=0$

その結果，$x=p$ の前と後は次の2次曲線となる．

$$y_c=\frac{m}{p^2}(2\,px-x^2),\quad y_c=\frac{m}{(1-p)^2}\{(1-2\,p)+2\,px-x^2\}$$

例えば"**NACA 2412**"の翼型は次のような意味を持つ．数字の最初の2は，最大キャンバーが弦長比2％（$m=0.02$）であること，次の4はその最大キャンバー位置が $0.4\,c$（$p=0.4$）であること，最後の2桁の12は最大翼厚比が

12%（$t/c=0.12$）であることを示す．

問 2.7-3

NACA 5 字系翼型
4 字系翼型の後に研究された 5 字系翼型の考え方について説明し，代表的な翼型である NACA 23012 翼型の数字の意味を述べよ．

NACA 5 字系翼型は，4 字系翼型の研究の結果，最大キャンバー位置 $x=p$ を前縁に近づけると最大揚力係数が増加すること，また最大キャンバー位置が後にあると頭下げモーメントが大きいことから，最大キャンバー位置を前側にした 5 字系翼型が作られた．中心線の式は前半が 3 次式，後半を直線とした．なお，翼厚分布は 4 字系翼型と同じである．

例えば "**NACA 23012**" は次のような意味を持つ．数字の最初の 2 と最後の 2 桁の 12 は 4 字系翼型と同じである．第 2 と第 3 の数字 30 は，それを 200 で割った値が最大キャンバー位置 $x=30/200=0.15c$ を示す．

問 2.7-4

NACA 6 シリーズ翼型
4 字系翼型や 5 字系翼型とは異なる翼型である NACA 6 シリーズ翼型について説明し，代表的な翼型である NACA 65_3–218 翼型の数字の意味を述べよ．

NACA 6 シリーズ翼型は，1 シリーズ翼型から始まる **"層流翼"**（翼表面の流れが乱されないようにして摩擦抵抗を低減するもの）の開発における 6 シリーズ翼型である（2〜5 シリーズはほとんど知られていない）．

例えば "**NACA 65_3–218, $a=0.5$**" は次のような意味を持つ．数字の最初の 6 はシリーズの名称で，第 2 の数字 5 は最小圧力点が $0.5c$ にあることを示す．添字 3 は設計揚力係数の ±0.3 の範囲で望ましい圧力分布が保たれこと，その次の–2 は設計揚力係数が 0.2 であるを示す．最後の 18 は翼厚比 18% を表す．その後にある $a=0.5$ は中心線の形が理想迎角（後述）において $0.5c$ まで一様揚力分布，その後が直線的に変化する分布であることを表す．a の値がない

第2章 空力設計

場合は翼全体が一様揚力分布となる中心線であることを示す．また，"NACA $64_3A\ 212$" の記述で "A" は，翼上下面の $0.8\,c$ 付近から $1.0\,c$ を直線にして後縁付近の凹みを除去したことを示す．表2.7-1に代表的な翼型の特性値を示す．

表 2.7-1 代表的な翼型の特性値

翼型	最大キャンバー y_c (%c)	最大キャンバー位置 x_c (%c)	最大翼厚 t (%c)	最大翼厚位置 x_t (%c)	揚力傾斜 C_{l_α} (1/deg)	設計揚力係数 C_{l_i}	最大揚力係数 $C_{l_{max}}$	最小抗力係数 $C_{d_{min}}$	モーメント係数 $C_{m_{ac}}$	零揚力角 α_0
クラークY-14%	4.3	40	14	30	0.096	0.015	1.72	0.0090	−0.080	−6.2
ゲッチンゲン 398	4.9	30	13.7	30	0.074	0.15	1.68	0.0076	−0.081	−6.0
NACA 0012	0.0	—	12	30	0.106	0.00	1.59	0.0057	0.000	0.0
NACA 2412	2.0	40	12	30	0.104	0.19	1.68	0.0058	−0.051	−2.0
NACA 4412	4.0	40	12	30	0.109	0.50	1.68	0.0060	−0.095	−3.8
NACA 23012	1.8	15	12	30	0.105	0.23	1.79	0.0059	−0.013	−1.4
NACA 63_1-012	0.0	—	12	35	0.114	0.00	1.45	0.0043	0.000	0.0
NACA 63_2-215	1.1	50	15	35	0.120	0.20	1.61	0.0046	−0.031	−1.2
NACA 64_2-215	1.1	50	15	37	0.110	0.12	1.58	0.0045	−0.032	−1.3

（山名・中口：飛行機設計論[8]から抜粋）

2.7.2 翼上下面の速度変化

種々の翼型の性能を体系的に整理するために，翼型の各要素の影響の和として表現する手法が研究された．

問 2.7-5

翼上下面の速度

翼の上下面の速度を翼の各要素の影響の和として近似的に表す方法に

ついて述べよ.

揚力

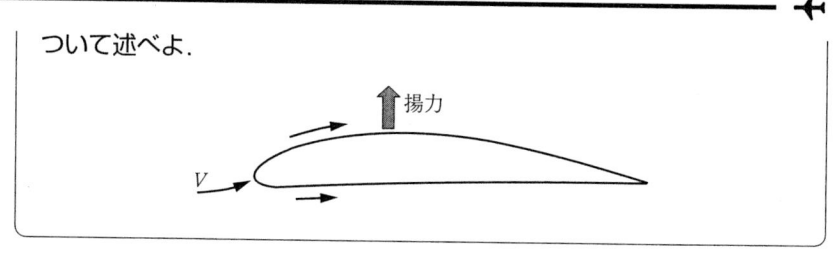

V

　一般的に翼型は比較的薄く，また中心線の傾きは小さいという仮定から，翼型を対称翼と中心線に分けて翼上下面の速度変化として見積もる方法について述べる.

　まず対称翼の翼厚による影響を見積もる. 図 2.7-2 a は，対称翼の迎角 $\alpha=0$ での速度変化 Δv_t を示したものである. 対称翼型であるから翼の上下面の速度は同じである.

　次に，中心線が傾いている影響を見積もる. 図 2.7-2 b は中心線のみの場合の速度変化を示したものである. 中心線翼の前縁がよどみ点になるような迎角 α_I（これを**理想迎角**という）の場合の速度増分 Δv_c をとする.

　迎角が理想迎角のときの一般翼の速度変化は，図 2.7-2 a の対称翼の速度変化と図 2.7-2 b の中心線翼の速度変化を加えたものと近似して，図 2.7-2 c のように表される.

　次に，迎角が理想迎角から増加した場合の影響を見積もる. この影響は，図 2.7-2 d に示すように，対称翼について迎角増分 $\Delta\alpha=\alpha-\alpha_I$ による速度変化

$V + \Delta v_t$

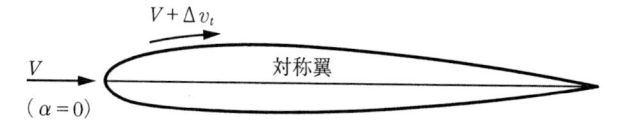

$V \longrightarrow$ 対称翼
$(\alpha=0)$

図 2.7-2 a　対称翼の迎角 $\alpha=0$ での速度変化

$V + \Delta v_c$　　中心線の翼

V
$V - \Delta v_c$
$(\alpha=\alpha_I)$　（α_I は理想迎角と言い，前縁がよどみ点となる迎角）

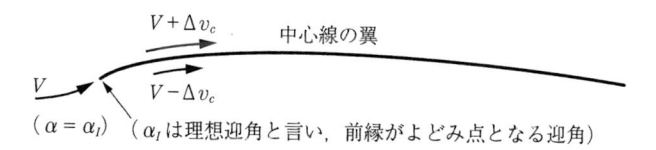

図 2.7-2 b　中心線翼の理想迎角での速度変化

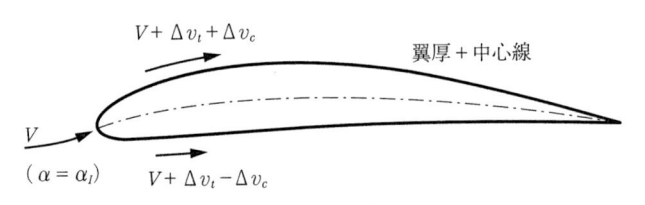

図 2.7-2 c　一般翼の理想迎角での速度変化

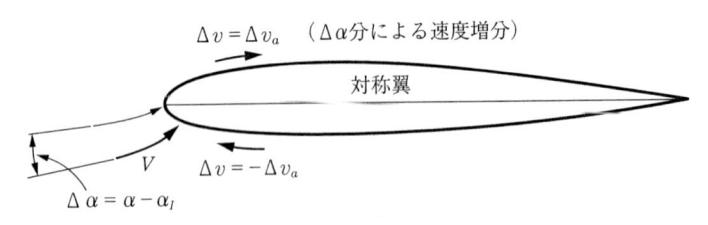

図 2.7-2 d　対称翼の迎角増分 $\Delta\alpha$ による速度変化

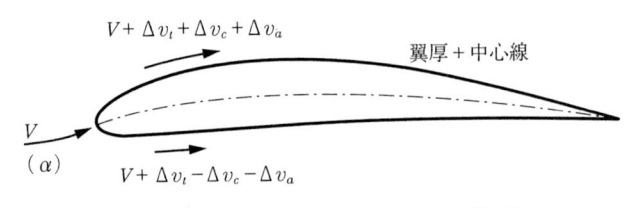

図 2.7-2 e　一般翼の速度変化（最終状態）

Δv_a であると近似する．

　これらの結果を加えると，図 2.7-2 e に示すように，一般翼の最終状態の速度変化が次式

$$v = V + \Delta v_t \pm \Delta v_c \pm \Delta v_a \quad (上面が+，下面が-)$$

として得られる．

　以上のように得られた翼上下面の速度分布 v は，ベルヌーイの定理から翼面上の圧力分布 $(p-p_0)$ を表す**圧力係数** C_p と次の関係がある．

$$C_p = \frac{p-p_0}{0.5\rho V^2} = 1 - \left(\frac{v}{V}\right)^2$$

　この圧力係数を翼表面全体で積分すると翼に働く力が得られる．速度分布と圧力分布の例を**図 2.7-3** に示す．

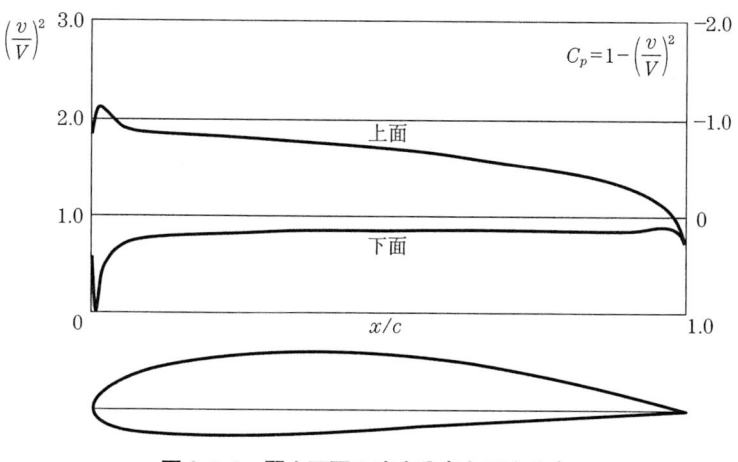

図 2.7-3 翼上下面の速度分布と圧力分布

2.7.3 翼型の揚力およびモーメント特性

問 2.7-6

キャンバーの影響

最大キャンバー y_c/c が増加した場合の揚力およびモーメントへの影響を述べよ．

($\alpha = \alpha_I$) (α_I は理想迎角と言い，前縁がよどみ点となる迎角)

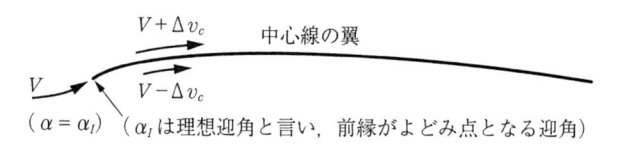

図 2.7-2 b（再び上記に示す）に示すように，理想迎角（前縁がよどみ点）α_I での揚力特性は中心線の形によって決まる．最大キャンバー y_c/c が増加すると，α_I は大きくなり，それに対応する設計揚力係数 C_{l_i}，零揚力角 α_0 も大きくなる．また，空力中心のモーメント係数 $C_{m_{ac}}$ は，最大キャンバー y_c/c が増加するほど，また最大キャンバー位置 x_c/c が後方にいくほど頭下げが大きくなる．

揚力傾斜 C_{l_α} は，薄翼理論によると $2\pi(1/\mathrm{rad}) = 0.11(1/\mathrm{deg})$ である．翼厚

を増すと C_{l_α} は若干増えるが大きくはない．レイノルズ数が増すと C_{l_α} は増加するが理論値よりは低い値である．

2.7.4 設計揚力係数と断面抵抗

問 2.7-7

NACA 6 シリーズ翼型の特性

NACA 6 シリーズ翼型の断面抵抗が小さくなる特性はどのような現象によって実現されるのか，またその特性はレイノルズ数でどう変化するかを述べよ．

図 2.7-2 c に示すように，理想迎角 α_I での設計揚力係数 C_{l_I} 付近では断面抵抗 C_d が小さくなる．特に，NACA 6 シリーズ翼型（層流翼型）では，C_{l_I} を中心にある範囲内で C_d が凹むような形で小さくなる（図 2.7-4）．

6 シリーズ翼型で最小断面抵抗 $C_{d_{\min}}$ が小さくなるのは，翼表面上の流れが広範囲で層流状態が実現されているためである．このような状態はレイノルズ数がある範囲までであり，レイノルズ数が大きくなると翼表面を滑らかにしても層流から乱流に遷移してしまう．したがって，速度の速い飛行機では層流を保つのは難しく，$C_{d_{\min}}$ を小さくできる 6 シリーズ翼型の利点が失われてしまう．しかし，6 シリーズ翼型の研究過程において，速度分布を与えて翼型を設計する手法が開発された意義は大きい．

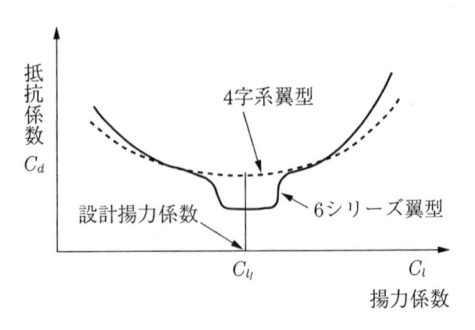

図 2.7-4 C_{l_I} 付近の C_d の凹み

問 2.7-8

最小断面抵抗 $C_{d_{\min}}$ を小さくする工夫

最小断面抵抗 $C_{d_{\min}}$ を小さくする工夫について述べよ．NACA の 4 字系，5 字系翼型および 6 シリーズ翼型についてその違いについても説明せよ．

$C_{d_{\min}}$ を小さくするには，翼厚による速度増加 $\Delta v_{t_{\max}}/V$ を小さくする工夫が必要である．$(\Delta v_{t_{\max}}/V)/(t/c)$ の値を最大翼厚位置 x_t/c を変えて調べてみると，x_t/c 50% 付近が小さくなる．6 シリーズ翼型は 35〜40% であるが，4 字系および 5 字系翼型は 30% であるので最大速度が大きくなってしまう（図 2.7-5）．

さて，図 2.7-4 で示したように，6 シリーズ翼型は設計揚力係数のある範囲を越えると，4 字系翼型に比較して急激に $C_{d_{\min}}$ が増加した．これは迎角を増した結果，翼表面にはく離が始まっているからである．流れのはく離は翼表面上の速度分布が大きく影響するので，両者の速度分布を比較してみると，**図 2.7-6** のようになる．4 字系翼型は前縁付近から流れが乱流になり，その後の速度低下による圧力増大によっても流れが安定している．

これに対して，6 シリーズ翼型は $x/c=0.4$ までは増速するので層流を保っているが，$x/c=0.4$ において急激な速度変化（増速から減速）があるために，層流はく離を起こし $C_{d_{\min}}$ が急激に増大する．いずれにしても設計揚力係数付

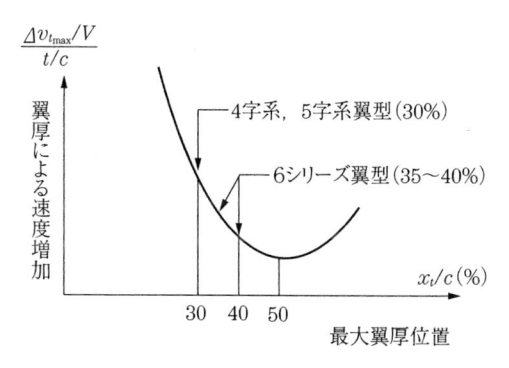

図 2.7-5　$\Delta v_{t_{\max}}/V$ の最大翼厚位置との関係

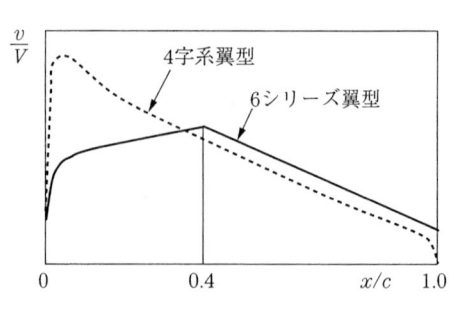

図 2.7-6　速度分布曲線の比較

近だけではなく，使用する揚力係数の全範囲において安定した特性にしておくことが必要である．

2.7.5　翼型の失速特性

問 2.7-9

失速特性

翼型の失速の3つのタイプについて，その特徴を説明せよ．

翼型の失速には，後縁失速型，前縁失速型および薄翼失速型の3つのタイプがある（図 2.7-7）．

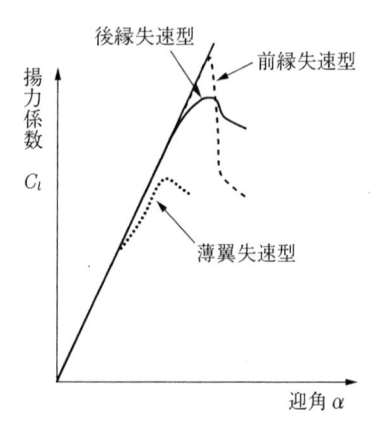

図 2.7-7　失速の3つのタイプ

後縁失速型は，$C_{l_{max}}$ の手前で後縁部近くからはく離し始め，前方へ広がっていく．$C_{l_{max}}$ を過ぎても前縁まではく離しないので C_l は急激には低下しない．

前縁失速型は，$C_{l_{max}}$ 付近まで C_l は直線的に増加していく．$C_{l_{max}}$ を過ぎると前縁からはく離し，急激に翼全体に広がり C_l が一気に低下する．翼上面の前縁部あった大きな負圧がなくなるため大きな頭下げのモーメントが生じる．

薄翼失速型は，低い迎角から前縁付近の小さな範囲がはく離し C_l 曲線が一時的に折れるが，はく離した流れは再付着してその後流ははく離しない流れのままになる．迎角を増していくと，はく離は広がっていくが $C_{l_{max}}$ を過ぎても C_l の低下はゆっくりであり，後縁はく離型に近い特性である．

これらの失速のタイプは，翼型によって決まっている場合もあるが，同じ翼型でもレイノルズ数の違いによって変わる場合もある．失速の予測は難しく，はく離がどこから始まりどのように広がっていくかは飛行機の特性に大きな影響を与えるので，設計の初期に極力大きな模型を使って風洞試験を行うことが重要である．

問 2.7-10

NACA 230 系の失速特性

代表的な翼型である NACA 230 系の失速特性について説明し，使用する際の注意事項について述べよ．

NACA 230 系の翼型は，$C_{l_{max}}$ が大きく $C_{d_{min}}$ が小さいので広く使われた翼型である．しかし，この翼型は急激な前縁失速を起こすので注意が必要である．また，図 2.7-8 に示すように翼表面が滑らかでないと $C_{l_{max}}$ の低下が大きい．もちろん実際には翼端の迎角を下げたりして失速防止策を施すことも可能であるが，翼端には失速特性がよくない翼型は避けた方が安全である．

失速のタイプを左右する要素の 1 つは前縁半径 r_0 である．$r_0/c \fallingdotseq 1.5\%$ 付近を境にして小さいほど前縁失速型の傾向となる．実際の飛行機の主翼は，通常翼端にいくほど弦長を小さくする先細翼にする．このような機体では，翼による抵抗は翼の付け根に近い部分が占めるので，翼根部分には $C_{d_{min}}$ が小さい後縁失速型の翼を採用し，翼端部分は失速までの余裕迎角を大きくするのがよい．

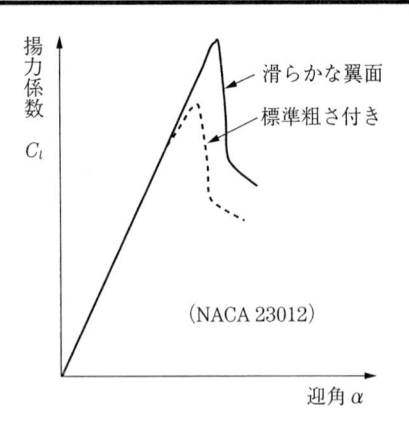

図 2.7-8　翼面の粗さの影響

2.7.6　翼型の最大揚力係数

問 2.7-11

最大揚力係数

　翼型の最大揚力係数 $C_{l\max}$ に大きく影響するのは翼型のどの部分の形状か．また，$C_{l\max}$ を大きくするには翼型パラメータの何を考慮したらよいかを述べよ．

　翼厚比 t/c が 12% 以下になると，薄翼失速あるいは前縁失速の傾向を示し，この場合の最大揚力係数 $C_{l\max}$ は前縁付近の翼上面の形が大きく影響する．図

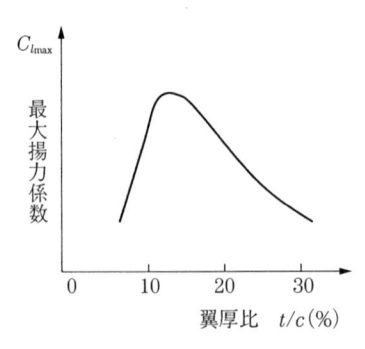

図 2.7-9　$C_{l\max} \sim t/c$ との関係

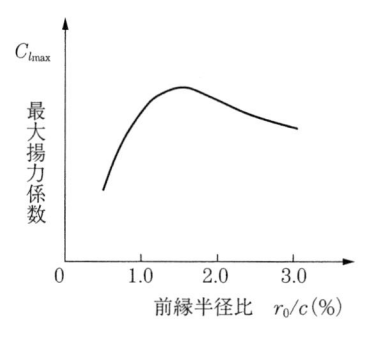

図 2.7-10　$C_{l_{max}} \sim r_0/c$ との関係

2.7-9 は翼厚比と最大揚力係数の関係を示したもので，$t/c=12\%$ 付近で $C_{l_{max}}$ が最も大きくなる傾向を示す．図 2.7-10 は，前縁半径と最大揚力係数の関係を示したものである．$r_0/c=1.5\%$ 付近で $C_{l_{max}}$ が最も大きくなる傾向を示す．

また，レイノルズ数が増大すると最大揚力係数は増加する傾向があるが，薄翼失速型の翼はレイノルズ数によってあまり変化しない．

2.7.7　翼型の最小抗力係数

問 2.7-12

最小抗力係数
　翼型の最小抗力係数 $C_{d_{min}}$ は何によって生じるかを説明し，それはどのような流れの状態の影響を受けるのかを述べよ．

　翼型の最小抗力係数 $C_{d_{min}}$ は，大部分が翼表面に働く摩擦であるが，翼厚比が大きい場合には圧力抵抗もかなりを占める．摩擦には，境界層の性質，表面粗さ，レイノルズ数，表面の速度分布などが影響する．

　粘性の影響により翼前縁から境界層が発達し，次第にその厚さを増していく．境界層は翼表面近くに限られ，その厚さは翼の弦長に比較して極めて薄いものである（図 2.7-11 は誇張して書いている）．境界層内では厚さ方向に速度が大きく変化する．境界層の外側の流れは主流と言い，境界層の厚さは薄いことから，主流の流れは粘性を無視した取り扱いができ，ポテンシャル流れとして容

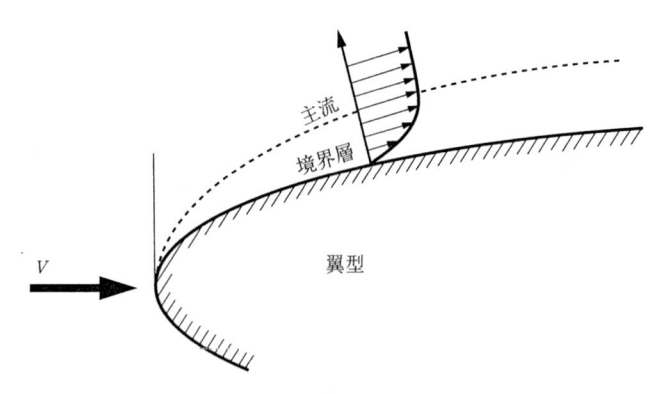

図 2.7-11　翼表面に沿う境界層

易に解くことができる．翼の周りの流れの速度や圧力は，境界層が薄いことからポテンシャル流れの結果を用いることができる．

　粘性のある流れは，1800 年代にナビエとストークスが数学的な方程式の形に一般化した．この方程式は，"**ナビエ・ストークスの運動方程式**"と言われている．ナビエ・ストークスの運動方程式を一般の形で解析的に解くのは困難であり，非常に遅い流れやその他の一部の解が得られているに過ぎない．近年，コンピュータによって物体と流れの空間を非常に細かくメッシュに分割して，ナビエ・ストークスの運動方程式を直接扱う "**CFD**"（computational fluid dynamics）と言われる方法が盛んである．スーパーコンピュータを用いても長時間を要し，また得られた解が実際とどの程度合っているのかという検証が十分でないこともあり，飛行機の設計には現在でも風洞試験に頼っているのが実情である．

問 2.7-13

境界層方程式

　翼の摩擦を推算するために考案された境界層の概念を説明し，平板に沿う流れの場合は解析が簡単になる理由を述べよ．

　物体に働く粘性を非常に薄い層に限るという境界層の概念は，1900 年代の初めにプラントルが提案した．これは**プラントルの境界層方程式**と言われ，ナ

2.7 翼型の特性

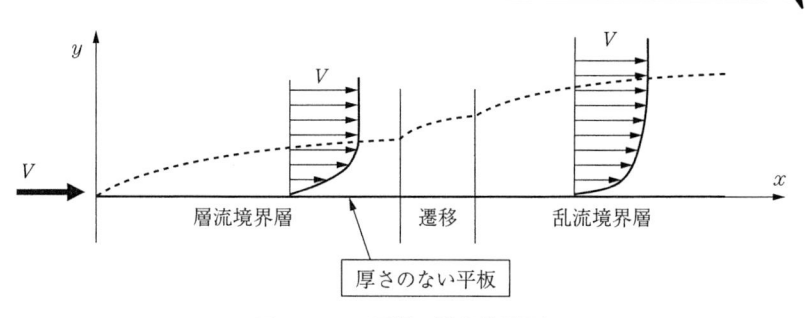

図 2.7-12 平板に沿う境界層

ビエ・ストークスの運動方程式に比べて格段に簡単化される．しかし，この方程式を用いても一般の曲面に沿う境界層の扱いは難しいため，図 2.7-12 に示すような厚さのない平板に沿う境界層について研究が行われた．この場合は，厚さがないので一様流の速度 V が一定と仮定でき，境界条件が簡単になる．

問 2.7-14

平板の層流境界層
平板の層流境界層の特徴について述べよ．

図 2.7-12 の平板の層流境界層の解析から，次の結果が得られた．

① 境界層内のすべての断面の速度分布は相似．
② 境界層の厚さは，前縁からの距離の平方根に比例して増加．
③ 平板両面の摩擦抵抗係数は，前縁からの距離の平方根に逆比例して減少する．これを前縁から長さ l まで積分すると次式が得られる．

$$C_d = 2\frac{1.328}{\sqrt{Re}} \quad \left(\text{レイノルズ数 } Re = \frac{Vl}{\nu},\ \text{平板長さ } l\right)$$

層流境界層はしだいに発達して，レイノルズ数がある値に達すると不安定となる．そして，遷移域と呼ばれる層流と乱流の混じった状態となり，やがて完全な乱流境界層に発達する．

問 2.7-15

平板の乱流境界層

平板の乱流境界層の特徴について述べよ．

平板の乱流境界層は次のような特徴がある．

① せん断応力の発生機構が層流とは異なり，表面での速度こう配が大きい．
② 層流よりもはく離が起こりにくい．
③ 対数速度分布を用いて，平板両面の摩擦抵抗係数が次式で近似[22]．

$$C_d = 2 \frac{0.455}{(\log_{10} Re)^{2.58}(1+0.144 M^2)^{0.65}} \quad (M \text{ はマッハ数})$$

④ 層流から乱流に遷移する領域では，$Re = 5 \times 10^5$ 付近から遷移するとし

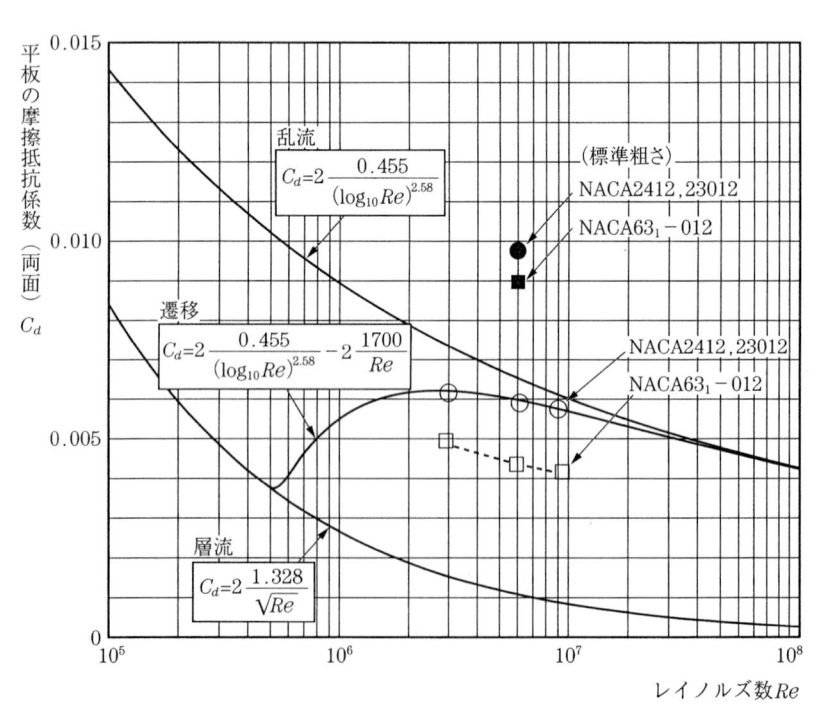

図 2.7-13 平板の摩擦抵抗係数と翼型の最小抗力係数
(翼型データは，Abbott 他：Theory of Wing Sections[6])

て，平板両面の摩擦抵抗係数が次式で近似される．

$$C_d = 2\frac{0.455}{(\log_{10}Re)^{2.58}(1+0.144M^2)^{0.65}} - 2\frac{1700}{Re}$$

図 2.7-13 は，平板の摩擦抵抗係数（両面）C_d と代表的 NACA 翼型の最小抗力係数 $C_{d_{\min}}$ を示したものである．ただし $M=0$ と仮定した．翼型の $C_{d_{\min}}$ は，翼表面が滑らかな場合（図中の白抜きの記号）NACA 4 字系および 5 字系と，層流翼の 6 シリーズとに差があるが，翼表面に粗さのある場合は双方の差は小さくなることがわかる．

2.8 アスペクト比と吹き下ろし

前節では，翼幅が無限に大きい場合，すなわち 2 次元翼の揚力について検討した．ここでは，実際の飛行機に使われる翼幅が有限の場合について考える．図 2.8-1 は，翼幅が有限の場合の主翼の平面形を示したものである．翼幅 b は，たとえ翼が上側に反っていても上から見た図（平面図という）において測った翼の横長さである．主翼面積 S も同様に平面図において測った翼全体の面積である．

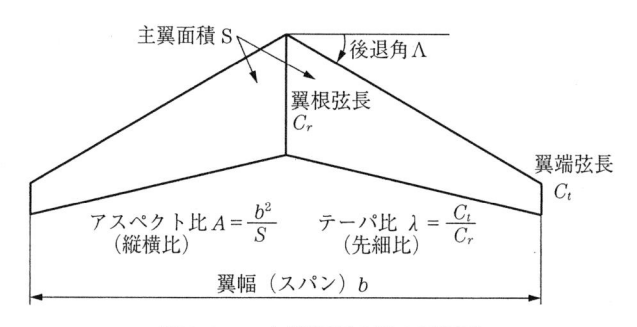

図 2.8-1　有限翼幅の翼の平面形

問 2.8-1

翼の平面形 (1)

翼の平面形を決めるには，何のパラメータを決める必要があるかを述べよ．

単に翼幅が大きいか小さいかでは翼の平面形を決めることにならない．例えば，翼幅が2倍になっても翼の弦長が2倍になれば翼の平面形は同じである．翼の平面形を決めるには，翼の弦長に対して翼幅が大きいかどうか，すなわち翼の細長さを決める必要がある．これは次式で定義され，アスペクト比（縦横比）と言われる．

$$A = \frac{b^2}{S} \quad (翼幅 b, 主翼面積 S)$$

アスペクト比 A は翼の細長さを表すパラメータであるが，これだけでは実際に平面形を書くことはできない．次式で定義される翼のテーパ比（先細比）λ を決める必要がある．

$$\lambda = \frac{c_t}{c_r} \quad (翼根弦長 c_r, 翼端弦長 c_t)$$

これにより，翼の付け根から翼端までの細くなっていく形が決まる．

さらに，もう1つ決める必要がある．それは翼が進行方向に対してどれくらい後退しているかを表す後退角 Λ である．すなわち，アスペクト比，テーパ比，後退角の3つを決めると，翼の平面形を描くことができる．

問 2.8-2

翼の平面形 (2)

アスペクト比 $A = b^2/S$ が翼の細長さを表すパラメータであることを説明せよ．

いま図 2.8-1 の直線翼について考えると，主翼面積 S は

$$S = \frac{b}{2}(c_r + c_t) \quad (翼幅 b, 翼根弦長 c_r, 翼端弦長 c_t)$$

である．これから，アスペクト比は次のように表される．

$$A = \frac{b^2}{S} = \frac{b}{(c_r+c_t)/2}$$

この式は，平均の翼弦長 $(c_r+c_t)/2$ に対して翼幅 b がどれくらい長いかということを表しているから，アスペクト比が細長さを表すパラメータであることがわかる．

> **問 2.8-3**
>
> **プラントルの揚力線理論**
> 　有限翼幅の翼の理論解析は，プラントルの揚力線理論により可能になった．この理論の考え方について述べよ．

　翼幅が有限の場合に，翼に働く空気力を計算できるプラントルの揚力線理論の計算モデルは図 2.8-2 に示すものである．翼を束縛渦という１本の揚力線で置き換えることで，複雑な空気力の計算を簡単化している．束縛渦は翼幅方向に変化するため，その循環の変化分の渦が翼の後縁から後ろにはき出される（後流渦）．また，渦は空気中で始まることも終わることもできないという性質があるため，翼端からは自由渦（翼端渦）が後ろに延びていき，動き初めのときに生じた出発渦につながると考える．

　揚力線理論によれば，図 2.8-3 に示すように，翼の束縛渦の影響で翼の前方は吹き上げの流れが生じる．また，束縛渦の場所（翼位置）においては，翼の

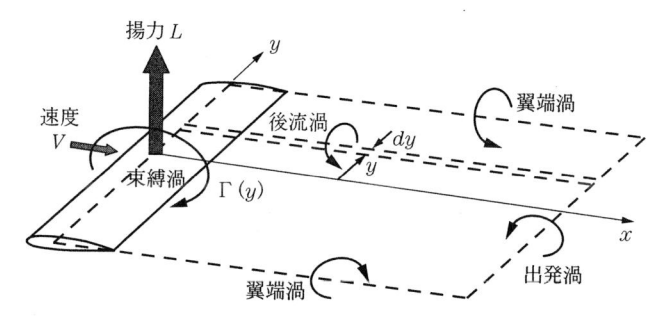

図 2.8-2　プラントルの揚力線理論

第2章 空力設計

後縁渦と翼端渦からの影響で吹き下ろしの速度 w が生じる．この吹き下ろし速度は，翼から十分離れた位置では $2w$ の速度となる．

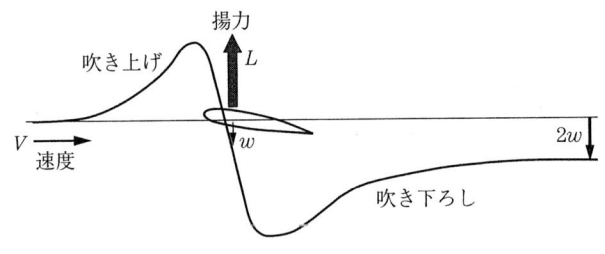

図 2.8-3　吹き上げと吹き下ろし

問 2.8-4

吹き下ろし速度

水平方向の速度 V の空気の流れが，発生した渦によって，翼から十分離れた位置で吹き下ろし速度 $2w$ が生じて流れ方向が曲げられる．プラントルは，翼幅方向の循環分布が楕円分布（そのような翼を**楕円翼**という）の場合には，1秒間に速度 $2w$ で吹き下ろされる質量 $\dot{m}$ は次のように表されることを示した．

$$\dot{m} = \rho \frac{\pi b^2}{4} V \quad \text{（空気密度 } \rho\text{，翼幅 } b\text{，速度 } V\text{）}$$

このとき，翼位置における吹き下ろし速度 w を運動量理論により求めよ．

運動量理論によれば，1秒間（単位時間）に増加した運動量（質量×速度）は力に等しい．**図 2.8-4** に示すように，翼から十分離れた位置で吹き下ろし速度 $2w$ が生じ，そこで吹き下ろされる質量を $\dot{m}$ とすると，運動量理論から揚力 L が次式で与えられる．

$$L = \dot{m} \cdot 2w$$

ここで $\dot{m}$ に上式を代入すると，翼位置における吹き下ろし速度 w が次のように得られる．

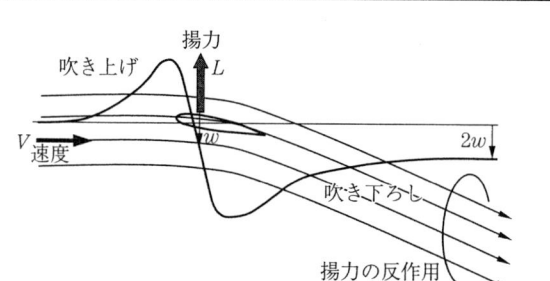

図 2.8-4　吹き下ろしと揚力の関係

$$w = \frac{L}{2\dot{m}} = \frac{0.5\rho V^2 S C_L}{0.5\rho \pi b^2 V} = \frac{V S C_L}{\pi b^2} = \frac{C_L}{\pi A} V$$

（空気密度 ρ，速度 V，翼面積 S，揚力係数 C_L，翼幅 b，アスペクト比 $A = b^2/S$）

2.9　吹き下ろしによる誘導抗力と揚力傾斜

2.9.1　誘導抗力

問 2.9-1

吹き下ろしによる誘導迎角と誘導抗力

翼幅が有限の場合，翼位置に吹き下ろし速度 w が生じる．この流れによって減少する迎角 α_i は**誘導迎角**と呼ばれるが，楕円翼の場合の誘導迎角を求めよ．また，誘導迎角によって発生する**誘導抗力 D_i** について説明せよ．

図 2.9-1 に示すように，水平方向の速度 V の流れは翼位置では下向きの速度 w だけ流れが下側に曲げられる．楕円翼の場合にはその誘導迎角は前節の結果から次のように表される．

$$\alpha_i = \frac{w}{V} = \frac{C_L}{\pi A}$$

（吹き下ろし速度 w，速度 V，揚力係数 C_L，アスペクト比 A）

第2章　空力設計

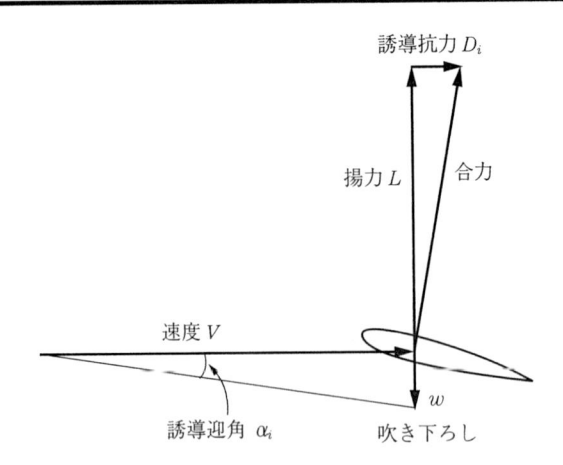

図 2.9-1　誘導抗力の説明

図 2.9-1 から，翼に発生する揚力 L も α_i の角度だけ後ろ側に傾くことになる．その結果，速度方向（飛行方向）と反対方向に次式で表される誘導抗力 D_i が生じる．

$$D_i = L \cdot \alpha_i, \quad \therefore \quad C_{D_i} = \frac{C_L{}^2}{\pi A}$$

2.9.2　揚力傾斜に及ぼすアスペクト比の影響

問 2.9-2

有限翼の揚力傾斜

迎角 $\alpha=1°$ 当たりに発生する揚力係数 C_L を揚力傾斜と言い $C_{L\alpha}$ で表す．翼幅が有限の場合には揚力が後ろに傾くことから，揚力傾斜も影響を受ける．この有限翼の揚力傾斜を求めよ．

いま翼型（2次元）の揚力傾斜を a_0 と書くと，誘導迎角 α_i だけ有効迎角が減少するから，楕円翼の場合には揚力は次のように表される．

$$C_L = a_0 \left(\alpha - \frac{C_L}{\pi A} \right), \quad \therefore \quad C_L = \frac{a_0 \alpha}{1 + a_0/(\pi A)}$$

これから揚力傾斜が次式で与えられる．

2.9 吹き下ろしによる誘導抗力と揚力傾斜

$$C_{L\alpha} = \frac{a_0}{1+a_0/(\pi A)} \quad (翼型の揚力傾斜 a_0, アスペクト比 A)$$

この揚力傾斜 $C_{L\alpha}$ に対するアスペクト比 A の影響を具体的に数値的に見てみると図 2.9-2 のようになる．これは，翼型の揚力傾斜を平板の理論値である $a_0 = 2\pi/57.3(1/\text{deg})$ の場合に，$C_L = C_{L\alpha}\alpha$ で揚力係数 C_L を計算したものである．アスペクト比が小さくなると同じ C_L を出すのに，迎角を大きくする必要がある．

通常の飛行機が使用する迎角 α の範囲は，上空では概ね 3～10°程度の値であるが，離着陸時は最大値の 15°近い値を使用する．逆にいうと，15°以上の迎角は通常の飛行では使うことを想定していない．最も大きな迎角を使うのは離着陸時であるが，特に離陸時に機体を引き起こし（ローテーション）をする際に，15°以上の角度では機体の尾部（お尻）が滑走路に接触してしまうからである（図 2.9-3）．尾部が滑走路に接触する角度を**尻すり角**というが，実際には 15°よりも少し低い角度が設定されている．旅客機などのように胴体が長

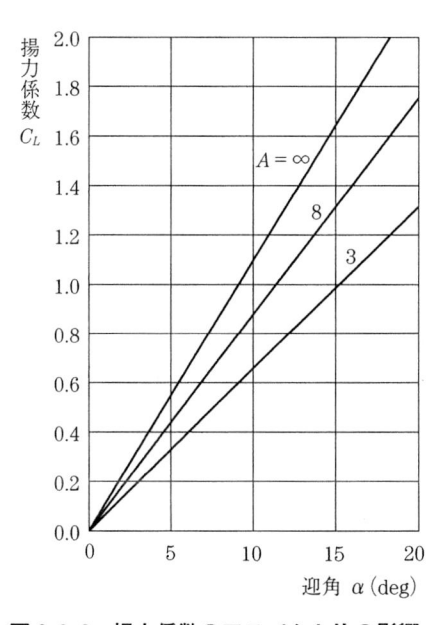

図 2.9-2 揚力係数のアスペクト比の影響

第 2 章 空力設計

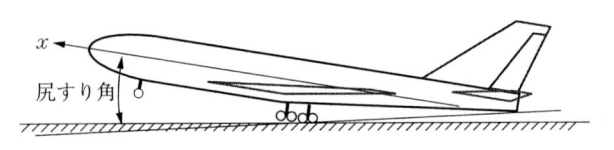

図 2.9-3 離陸時の機体姿勢

い機体では，尾部が上側に反っているのはそのためである．また尻すり角を大きくすると，主脚の支柱が長くなって重量増加の要因となる．

迎角 15°という角度は，通常の翼の特性上から，翼面上の空気が滑らかに流れる限界であることにもよる．図 2.9-2 から，この迎角 $\alpha=15°$ における揚力係数 C_L を見てみると，アスペクト比 $A=\infty$（翼幅が無限大）での値が $C_L=1.64$ に対して，通常の旅客機が使用する $A=8$ では $C_L=1.32$ で約 8 割に減少し，また戦闘機などが使用する $A=3$ では $C_L=0.99$ で約 6 割に減少してしまう．この揚力係数の減少は次のように対処することができる．それは，重量 W を支える揚力 L の式は

$$W = L = \frac{1}{2} \rho V^2 S C_L \quad (空気密度 \rho，速度 V，翼面積 S，揚力係数 C_L)$$

であるから，翼の後縁（翼面積の後端部分）および前縁（翼面積の先端部分）に高揚力装置と言われるフラップを下ろして，揚力係数 C_L を増大させる方法と，翼面積 S そのものを大きくする方法がある．

2.9.3 アスペクト比の違いによる機体形状

問 2.9-3

アスペクト比と機体形状

アスペクト比 A が小さくなると揚力発生の効率が下がる．したがって，空気力学的にはアスペクト比を大きくしたいが，アスペクト比の値は機体形状に大きな影響を与える．いま，後退角はないとして，アスペクト比 $A=8$ および 3 の場合の機体形状の変化について述べよ．

後退角がないとして，アスペクト比は $A=8$ および 3 の場合の機体形状の例

を図 2.9-4 に示す．$A=3$ の例では主翼の後退角がないのでやや違和感のある形状となっている．アスペクト比を大きくして細長い翼にすると，水平尾翼との関係で機体の縦の安定には都合がよい．しかし，翼幅が長くなることによる横揺れ（ロール）運動に対する減衰が強くなりすぎて，操縦性に影響を与えるので注意が必要である．なお，後退角については後述する．

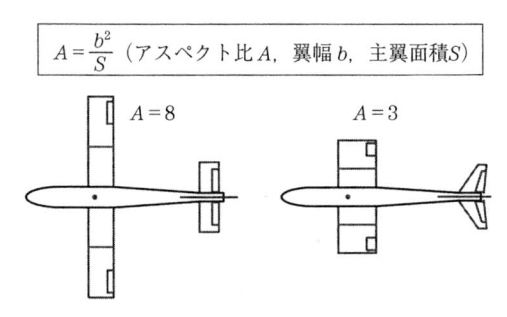

$$A = \frac{b^2}{S}$$ （アスペクト比 A，翼幅 b，主翼面積 S）

$A = 8$　　　$A = 3$

図 2.9-4　アスペクト比と機体形状（後退角なし）

2.10　テーパ比の影響

2.10.1　テーパ比の違いによる機体形状

　テーパ比（先細比）λ とは，翼端弦長と翼根弦長の比（図 2.10-1）で，λ が小さい程先端が細くなる．軽飛行機を除くと，多くの機体の主翼は $\lambda = 1$ 以下の値となっている．これは，翼の付け根に生じる曲げモーメントを軽減するためである．

翼根弦長 c_r

翼端弦長 c_t

テーパ比 $\lambda = \dfrac{c_t}{c_r}$

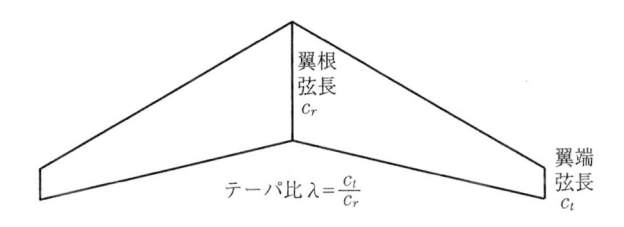

図 2.10-1　テーパ比（先細比）の説明

第2章 空力設計

> ### 問 2.10-1
>
> **テーパ比と機体形状**
>
> 　前節ではテーパ比 λ＝1 の場合に，アスペクト比と機体形状との関係を見た．ここではその機体のテーパ比が通常よく用いられる λ＝0.3 の場合について，アスペクト比 A＝8 および 3 の場合の機体形状の変化について述べよ．

　翼断面の 1/4 弦長線の後退角は 0 とする．このとき，テーパ比 λ＝0.3 の場合にアスペクト比を変更した場合の機体形状を図 2.10-2 に示す．図 2.9-4 の機体に比較すると，特にアスペクト比 A＝8 の場合には翼の付け根が荷重的に軽減されると予想できる．テーパ比の空力的影響については次に示す．

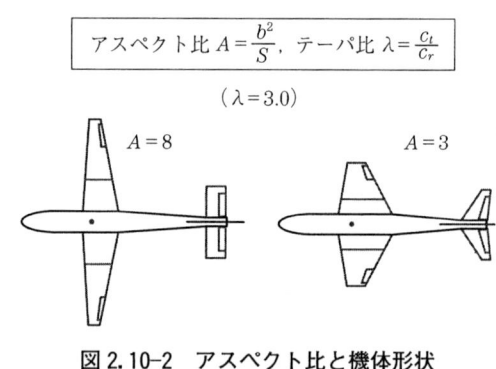

$$\text{アスペクト比 } A=\frac{b^2}{S}, \quad \text{テーパ比 } \lambda=\frac{C_t}{C_r}$$

（λ＝3.0）

$A=8$　　　　$A=3$

図 2.10-2　アスペクト比と機体形状
（テーパ比 λ＝0.3）

2.10.2　揚力傾斜に及ぼすテーパ比の影響

　前節で述べた楕円翼の揚力傾斜の式に修正係数 f を掛けて，次のように表される．

$$C_{L_\alpha}=f(A,\lambda)\cdot\frac{a_0}{1+a_0/(\pi A)}$$

　（修正係数 f，アスペクト比 A，テーパ比 λ，翼型の揚力傾斜 a_0）

ここで，修正係数 f はアスペクト比 A とテーパ比 λ の関数であるが，$\lambda=$

$0.2\sim0.6$ の範囲では A の値にかかわらずほぼ $f=1.0$ と考えてよい．$\lambda=0.8$ だと $f=0.99$ 程度，$\lambda=1.0$ だと $f=0.98$ 程度の値に減少するが，いずれにしても $\lambda=0.2$ 以下でなければ大きな影響はない．

2.10.3 誘導抗力に及ぼすテーパ比の影響

前節で述べた楕円翼の誘導抗力の式に修正係数 δ を用いて次のように表される．

$$C_{D_i} = (1+\delta)\cdot\frac{C_L^2}{\pi A} \quad (修正係数 \delta, 揚力係数 C_L, アスペクト比 A)$$

ここで，修正係数 δ はアスペクト比 A とテーパ比 λ の関数であるが，$\lambda=0.3\sim0.6$ の範囲では $\delta=0.02$ 程度で，それ以外の λ の範囲では δ が大きくなる．また，A が大きい程 δ が大きくなる傾向がある．いずれにしても $\lambda=0.3\sim0.6$ の範囲にあれば大きな影響はない．

2.10.4 揚力分布に及ぼすテーパ比の影響

問 2.10-2

テーパ比と揚力分布との関係

翼の形状が与えられたとき，この翼に働く循環分布 Γ はプラントルの揚力線理論によって得ることができる．胴体中心から翼端方向に y 軸を取ると，揚力分布 $C_l(y)$ と循環分布 $\Gamma(y)$ との関係について述べよ．

プラントルの理論は翼を1本の束縛渦で表すことから，単純揚力線理論とも言われている．図 2.10-3 は，翼幅方向に幅 dy の翼素部分に働く揚力を表した図である．

これから，この部分に働く揚力分布 $C_l(y)$ と循環分布 $\Gamma(y)$ との関係が次のように得られる．

$$\rho V \Gamma(y) dy = \frac{1}{2}\rho V^2 C_l(y) c(y) dy, \quad \therefore \quad C_l(y) = \frac{2\Gamma(y)}{V\cdot c(y)}$$

（空気密度 ρ，速度 V，循環分布 Γ，断面揚力係数 C_l，弦長 c）

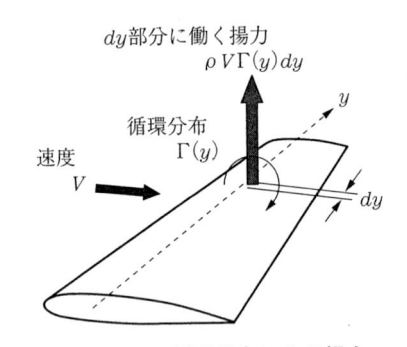

図 2.10-3 循環分布による揚力

$$w(y) = \frac{1}{4\pi} \int_{-\frac{b}{2}}^{\frac{b}{2}} \frac{d\Gamma(\eta)/d\eta}{y-\eta} d\eta$$

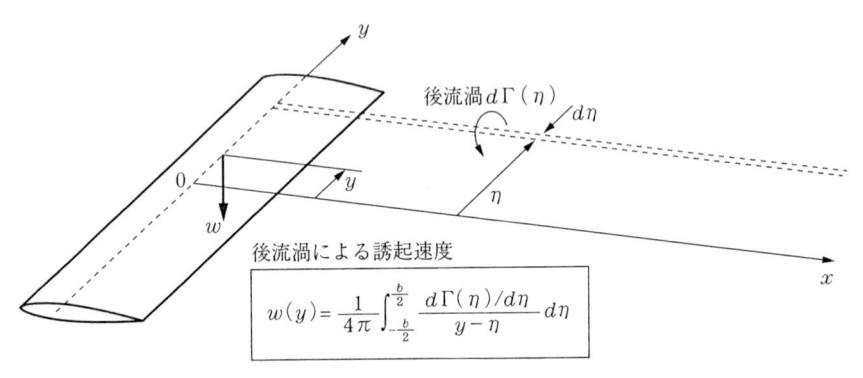

図 2.10-4 後流渦による誘起速度

さて，揚力分布 $C_l(y)$ と循環分布 $\Gamma(y)$ との関係が得られたが，循環分布はどのように得られるのだろうか．**図 2.10-4** は翼から吐き出される後流渦が翼位置に誘起する速度 w（**誘起速度**という）について説明したものである．誘起速度 w は $x=0\sim\infty$ の後流渦が翼位置 y に影響を与える速度で，ビオ・サバールの渦の法則により図 2.10-4 に示すように計算できる．

前節で述べた結果を用いると，y における揚力分布 $C_l(y)$ は次式で与えられる．

$$C_l(y) = a_0(y)\left\{\alpha(y) - \frac{w(y)}{V}\right\} = \frac{2\Gamma(y)}{V\cdot c(y)}$$

この式の誘起速度に図 2.10-4 の結果を用いると，循環分布 $\Gamma(y)$ を求める式が次のように得られる．

2.10 テーパ比の影響

$$\Gamma(y) = \frac{1}{2} a_0(y) c(y) \left\{ V\alpha(y) - \frac{1}{4\pi} \int_{-\frac{b}{2}}^{\frac{b}{2}} \frac{d\Gamma(\eta)/d\eta}{y-\eta} d\eta \right\}$$

（循環分布 Γ, 翼型の揚力傾斜 a_0, 弦長 c, 速度 V, 迎角 α, 翼幅 b）

翼を1本の束縛渦で表すプラントルの揚力線理論でも，有限翼の形状が与えられたときにその循環分布 $\Gamma(y)$ を求めるには，このような積分方程式という難しい計算が必要になる．その後，更に精度よく翼に働く空気力を計算するために，翼を1本の束縛渦ではなく，翼全体を渦分布と仮定して扱う揚力面理論が研究された．現在では，このような理論解析の他に，機体全体を細かくメッシュに分割して近似解を求める数値流体力学または計算流体力学（CFD；Computational Fluid Dynamics）と言われる直接的解法が盛んに研究されている．

さて，揚力線理論によると，循環分布および揚力分布について次のような結果が得られる．

① 循環分布 $\Gamma(y)$ が楕円分布のとき，揚力分布 $C_l(y)$ は一定値となり，$c(y) = \dfrac{2\Gamma(y)}{V \cdot C_l(y)}$ の関係から，翼の形状 $c(y)$ も楕円分布形となる．

② テーパ比（先細比）λ が小さい程，循環分布 $\Gamma(y)$ が翼中央部で大きくなるが，$C_l(y) = \dfrac{2\Gamma(y)}{V \cdot c(y)}$ から揚力分布 $C_l(y)$ は翼端側で大きくなる．

⇒揚力 $C_l(y)$ の最大値は $\dfrac{y}{b/2} = 1 - \lambda$

$$\left(半翼幅位置 \frac{y}{b/2}, \ テーパ比 \lambda \right)$$

で表される．λ が小さい程 $C_l(y)$ の最大位置は翼端側となる．これらの結果を図示すると**図 2.10-5**のようになる．

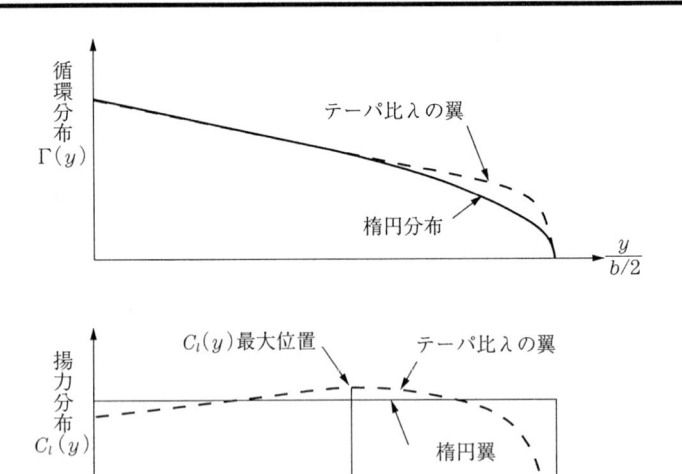

図 2.10-5　循環分布と揚力分布

2.10.5　最大揚力係数に及ぼすテーパ比の影響

問 2.10-3

テーパ比と失速との関係

翼の迎角 α を大きくしていくと，翼断面の揚力分布 $C_l(y)$ は増加していき，翼断面の最大揚力係数 $C_{l\max}$ に達したところから失速が始まる．上記のように，テーパ比 λ が 1 よりも小さくなると，次第に揚力分布の最大値が翼端側に移動していく．翼の荷重の関係からテーパ比は 1 以下にする必要があるが，失速を防止する工夫について述べよ．

テーパ比 λ が 1 よりも小さくなると，上記のように半翼幅比で $(1-\lambda)$ の位置で揚力分布 $C_l(y)$ が最大となる．例えば，テーパ比 $\lambda=0.2$ では半翼幅の 80% 位置から失速する．なお，楕円翼の場合は揚力分布は一定となる．ロール運動が生じると胴体中心から離れた位置の迎角が増すので，翼端失速の危険性があるので失速を防止する対策が必要である．

$C_{l_{\max}}$ に達した部分から失速が始まると，そこから失速部分が広がっていくが，失速が始まった位置は失速し続ける傾向がある．それは，失速した付近の揚力が減るために，失速域の両側から翼端渦とは逆回りの渦が吐き出されて，失速域の局所的迎角を増加させるためである．このような部分失速域が翼端失速に発展する危険性を避けるためにも，部分失速域を翼端の近いところに生じないように注意が必要である．

また，翼断面の揚力係数 C_l は，全機の揚力係数 C_L とは異なることに注意する必要がある．アスペクト比 A が小さい程，またテーパ比 λ が大きい程 C_l/C_L が1よりも大きくなる．したがって，機体全体の揚力係数 C_L がまだ翼断面の最大揚力係数 $C_{l_{\max}}$ に達していないのに失速が始まる危険性がある．

実際に機体設計において失速特性を良好にしておくことは重要な項目の1つである．失速特性が良好とは，失速する前に明確な兆候があり，ゆるやかに失速に入ること，そして失速から容易に抜け出ることができることである．飛行マニュアルには操縦方法が厳格に決められているわけであるが，パイロットは大なり小なり誤操作する可能性がある．飛行機が通常使用する迎角（空気流の方向と主翼との角度）は，たかだか15°程度である．操縦桿を少し引き過ぎただけでもその角度以上に容易に到達してしまう．そういう意味からも飛行機の失速特性は重要である．

実際の機体では，失速特性を良好にする工夫がいろいろと施されている．その1つは，翼の**ねじり下げ**である．翼端失速を避けるため，翼端側にいく程翼型の取付け角度を下げておく方法である．これは**幾何学的ねじり下げ**であるが，一方，翼の中央部のフラップを下げて部分的に揚力を増して，結果的に全体の迎角を下げることを**空力的ねじり下げ**という．また，翼端部には失速迎角の大きな翼型を使ったり，逆に翼根部の失速を早めるようにして翼端部の失速を遅らせる方法等もある．ただし，フラップや大きなねじり下げは高速時の抵抗が増すので適量にしておく必要がある．失速に近い状態では，横（ロール）運動も発生するので，翼端側程迎角が増加して翼端失速に陥る危険性が増大する．いずれにしても，失速特性を良好化するための検討は慎重に行う必要がある．

2.11 空力中心と風圧中心

2.11.1 2次元翼（無限翼幅）の空力中心

速度Vを**音速**aで割った$M=V/a$を**マッハ数**と言い，$M<1$を**亜音速**と言う．翼の空力特性は亜音速域では，迎角αが変化してもその点周りのモーメントM_{ac}が一定となる点がある．それは翼弦長のほぼ1/4の点で，この点を**空力中心**という（**図2.11-1**）．

空力中心はacという添え字を使うが，これはaerodynamic centerの略字である．**図2.11-2**は，翼の揚力係数と$c/4$点回りのモーメント係数の例である．翼に発生する揚力が作るモーメントが一定になる点があることは，一見複雑な飛行機の運動を理解するのに非常に役立っている．すなわち，迎角が変化して揚力の大きさが変化しても，常にその同じ点に作用すると考えることができ，理解が簡単になるからである．

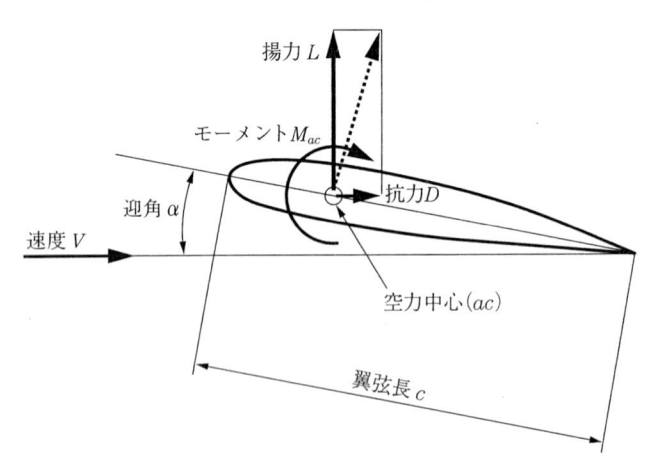

図2.11-1　空力中心

2.11 空力中心と風圧中心

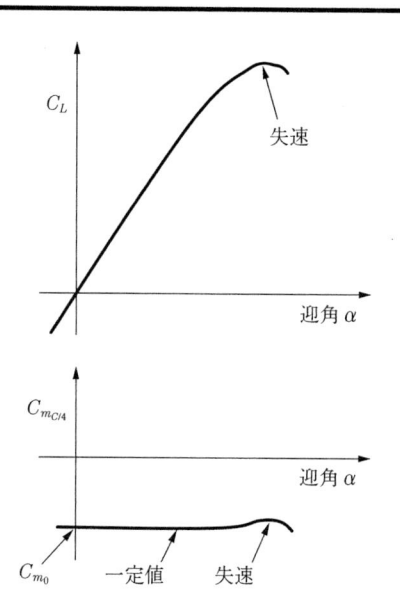

図 2.11-2 揚力と $c/4$ 点回りのモーメント

問 2.11-1

空力中心

迎角が変化して揚力の大きさが変化しても，2次元翼の空力中心（$c/4$ 点）回りのモーメントは変化しない．これは，翼の流れ状態がどのようになって実現されているのかを説明せよ．

翼に当たる迎角 α が変化すると，翼面上の圧力が変化する．翼の上下の圧力差から揚力が生じるので，翼には揚力とともにモーメントも変化するはずである．ところが，迎角が変化しても，空力中心回りのモーメントが一定となる．それは，翼面上の圧力分布がほぼ同じ形で増加していくためである．これは迎角が通常の状態までであって，迎角が失速域まで近づくと，その圧力分布の形が変化して空力中心回りのモーメントも変化する．翼の後縁が失速すると頭上げのモーメントとなり，翼の前縁まで失速すると大きな頭下げモーメントとなる．

2.11.2 風圧中心

亜音速では，図 2.11-3 に示したように，空力中心はほぼ $c/4$ 点の位置にあり，迎角が変化してもその点周りのモーメントが一定となる点であった．

一方，翼に働く力の大きさは迎角が増すと大きくなるが，その力の着力点を**風圧中心**という．風圧中心は添え字で cp を使うが，これは center of pressure の略字である．図 2.11-2 のモーメントの値を見てみると，空力中心（図では $c/4$ 点としている）回りのモーメントは一定であるが，その値は 0 ではない．そこで，図 2.11-3 に示すように，空力中心回りのモーメントの一定値を M_0 とすると，風圧中心回りのモーメント M_{cp} は抗力 D の影響は小さいので省略して次のように表される．

$$M_{cp} = M_0 + (x_{cp} - x_{ac}) \cdot L$$

この式を $0.5\rho V^2 Sc$ で割って無次元化すると

$$C_{m_{cp}} = C_{m_0} + \frac{x_{cp} - x_{ac}}{c} \cdot C_L$$

となる．ここで $C_{m_{cp}} = 0$ と置くと次式を得る．

$$\frac{x_{cp}}{c} = \frac{x_{ac}}{c} - \frac{C_{m_0}}{C_L}$$

このように，風圧中心 x_{cp} は，そこでのモーメントが 0 になる点であり翼に

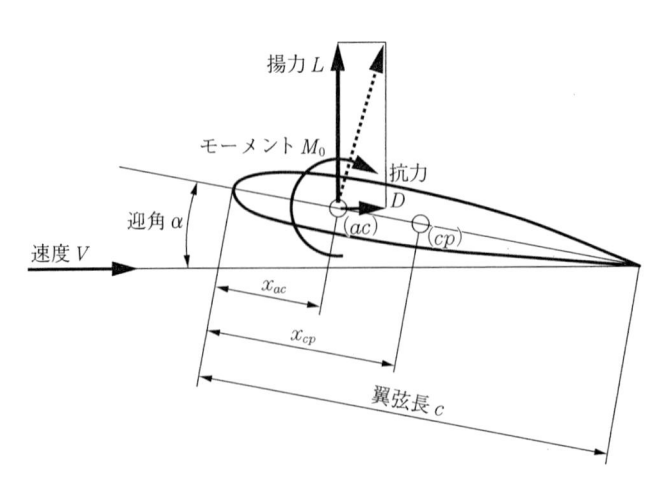

図 2.11-3　空力中心と風圧中心

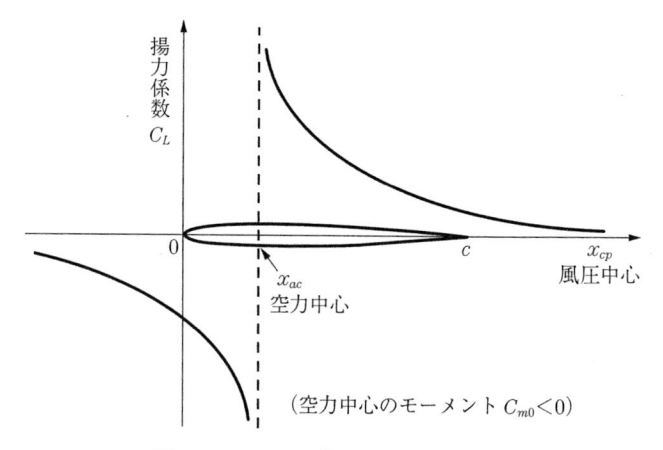

図 2.11-4　風圧中心と揚力との関係

働くすべての力の作用点である．図 2.11-4 は，風圧中心 x_{cp} の位置が揚力係数 C_L でどのように変化するかを示した図である．空力中心における一定モーメントが頭下げ方向であると仮定した場合，$C_L>0$ では風圧中心 x_{cp} は空力中心 x_{ac} よりも後方，また $C_L<0$ では前方となり，必ずしも翼弦長内に風圧中心があるとは限らない．

このように，風圧中心はモーメントが 0 になる点であるが，揚力により変動するため，飛行機の運動を理解するにはあまり使われない．実際の飛行機では，トリムというモーメントを調節する機能があり，例えば離陸時に離陸トリムスイッチを押すと離陸後の最適トリム位置に水平尾翼や昇降舵がセットされるようになっている．このように，空力中心位置での一定なモーメントはトリムなどで調整されるので，揚力が変化してもモーメントが変化しない空力中心位置が種々の解析に利用される．

2.11.3　3次元翼（有限翼幅）の空力中心

問 2.11-2

3次元翼の空力中心

2 次元翼の空力中心は，ほぼ 1/4 弦長にあることを述べた．そこで，

> 3次元翼を構成する各翼断面の空力中心は1/4弦長にあると仮定して，3次元翼（有限翼）の空力中心を求めよ．

図 2.11-5 に示すように，直線後退翼の各翼断面の空力中心は1/4弦長にあるとすると，断面の空力中心における一定モーメント C_{m0} を片翼全体で合計したモーメント M_0 に等しくなる1つの断面の弦長を $\bar{c}$ で表し，**平均空力翼弦**という．平均空力翼弦は MAC と略記されるが，これは mean aerodynamic chord の略である．この翼断面の1/4弦長点が**3次元翼の空力中心**である．この空力中心を通る y 軸に平行な軸周りの片翼のモーメントを計算すると，迎角によらず一定モーメント C_{m0} に一致することが確かめられる．

機体の重心位置は，平均空力翼弦を用いて，$\bar{c}$（MAC）の前縁を0％，後縁を100％として表す．例えば，重心が $\bar{c}$ の前縁から25％位置にあれば，25％MACと記述される．

翼断面の空力中心モーメントが作る片翼モーメント：
$$M_0 = \frac{1}{2}\rho V^2 C_{m0} \int_0^{b/2} c^2 dy$$

片翼モーメントに等しい断面：
$$M_0 = \frac{1}{2}\rho V^2 \frac{S}{2} \bar{c} C_{m0}$$

平均空力翼弦：（λ はテーパ比）
$$\bar{c} = \frac{2}{S}\int_0^{b/2} c^2 dy = \frac{2}{3} c_r \left(\lambda + \frac{1}{1+\lambda}\right)$$

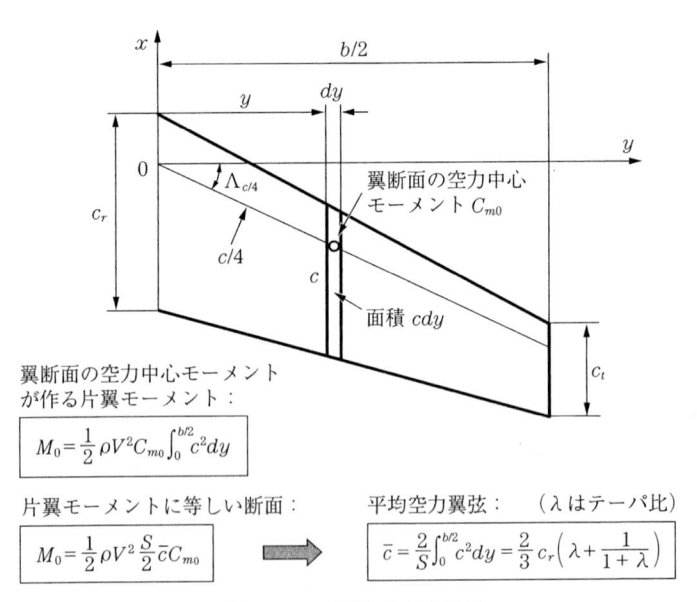

図 2.11-5 平均空力翼弦 $\bar{c}$

2.11 空力中心と風圧中心

問 2.11-3

平均空力翼弦の軸方向位置

平均空力翼弦の軸方向位置を求めよ．

各翼断面の揚力による x 軸回りのモーメントの片翼での合計に，揚力係数 C_L が y 軸方向位置 $\bar{y}$ に集中した場合のモーメントに等しいとすると，$\bar{y}$ が次のように得られる．

$$\frac{1}{2}\rho V^2 C_L \int_0^{b/2} cy\,dy = \frac{1}{2}\rho V^2 \frac{S}{2} C_L \bar{y},$$

$$\therefore \bar{y} = \frac{2}{S}\int_0^{b/2} cy\,dy = \frac{b}{6}\cdot\frac{1+2\lambda}{1+\lambda}$$

そして，この $\bar{y}$ 位置の翼断面の弦長が $\bar{c}$ であること，すなわち空力中心の翼断面であることは次のようにわかる．図 2.11-5 から，y の距離にある翼断面の弦長 c は

$$c = c_r\left\{1 - \frac{2(1-\lambda)}{b}y\right\}$$

と表されるから，この式の y に上記 $\bar{y}$ の式を代入すると

$$c = \frac{2}{3}c_r\left(\lambda + \frac{1}{1+\lambda}\right)$$

となり，上記 $\bar{c}$ の値に一致する．

このように，y 軸方向位置 $\bar{y}$ にある翼弦長 $\bar{c}$（平均空力翼弦）は，片翼に作用する揚力およびモーメントの代表断面であり，その 1/4 弦長点の空力中心の一点に揚力が集中したと考えて飛行機の運動を解析することができる．

問 2.11-4

空力中心を作図で求める方法

空力中心を作図で求める方法について説明せよ．

図 2.11-6 に示すように，直線後退翼の空力中心は作図で簡単に求めることができる．翼端弦長に翼根弦長を加え P 点とし，翼根側に翼端弦長を加え Q 点とする．この PQ の直線と $c/2$ 線との交点 R の翼断面が平均空力翼弦であ

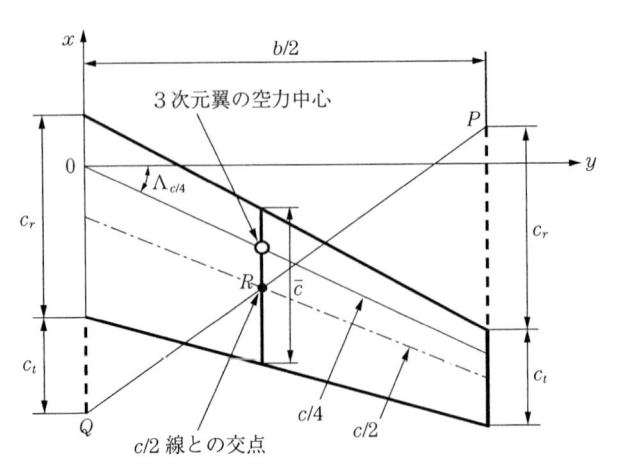

図2.11-6 空力中心を作図で求める方法

る．

　他書では，mean aerodynamic chord（MAC）を"空力平均翼弦"と呼んでいるものもあるが，本書では"平均空力翼弦"としている．平均空力翼弦の方が上記英語と対応しやすいとの判断であるが，両方使われるのでどちらを使ってもよい．ただし，平均空力翼弦の定義からわかるように，種々の空力現象を省いて幾何学的に求めたものであるので，むしろ単に"平均翼弦"と呼ぶのがよいとの意見もある[8]．

2.12　後退角と揚力特性

2.12.1　後退角の定義

　図2.12-1に後退角の定義を示す．機体の外形上わかりやすいのは前縁後退角 Λ_{LE} である．この添え字 LE は前縁（leading edge）の略である．その他，翼弦長（chord）の1/4線の後退角 $\Lambda_{c/4}$ および1/2線の後退角 $\Lambda_{c/2}$ も用いられる．

　後退翼は，飛行機の高速化に伴い翼面上に発生する衝撃波の発生を遅らせるために用いられる．しかし，その利点の反面，空力的特性が劣化するので注意

2.12 後退角と揚力特性

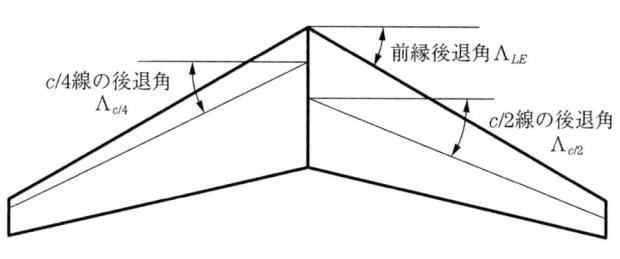

図 2.12-1　後退角の定義

が必要である．

前節で述べたように，翼の空力特性を検討する際には空力中心が重要な役割を果たす．したがって，本節で検討する後退角による影響についても各翼断面の $c/4$ 線の後退角 $\Lambda_{c/4}$ ついて考える．なお，機体形状から簡単に得られるのは前縁後退角 Λ_{LE} であるが，どれか1つの後退角が得られれば他の後退角は容易に計算で求めることができる．

2.12.2　横滑りしている直線翼

問 2.12-1

横滑りしている直線翼

横滑りしている直線翼には，どのような流れが生じているのかを説明せよ．

図 2.12-2 は，直線翼が左に横滑りしている場合である．このとき，速度 V を，翼の前縁に垂直な成分 $V\cos\Lambda$ と翼幅方向の成分 $V\sin\Lambda$ に分けて考える．前縁に垂直な速度に対しては通常の翼型として力を発生することができる．これに対して，翼幅方向の流れは翼型の同じ位置を横に移動するだけで，その流れによる圧力変化も生じないと考えられる．したがって，このような横滑りしている翼の有効速度としては，前縁に垂直な速度成分のみ考慮すればよいことがわかる．

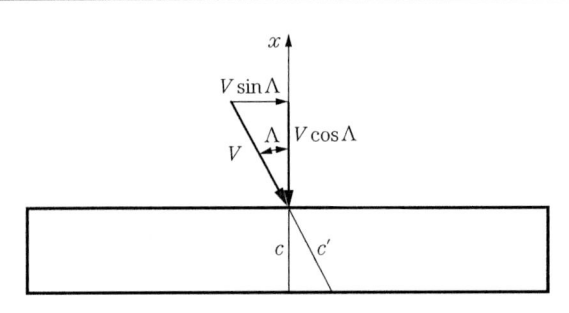

図 2.12-2　左に横滑りしている直線翼

2.12.3　後退翼の有効速度

　上記 2.12.2 の結果から，直線翼が力を発生するための有効な速度成分は，前縁に垂直な成分のみ考慮すればよいことがわかった．図 2.12-3 は，後退翼が x 方向に飛行した場合である．この翼はテーパ比が 1 より小さいので，後退角は $c/4$ 線の角度 $\Lambda_{c/4}$ として考える．このとき，上記結果と同様に，後退翼には $c/4$ 線に垂直な翼断面 c_Λ に $V\cos\Lambda_{c/4}$ の速度が有効に働くと考えられる．

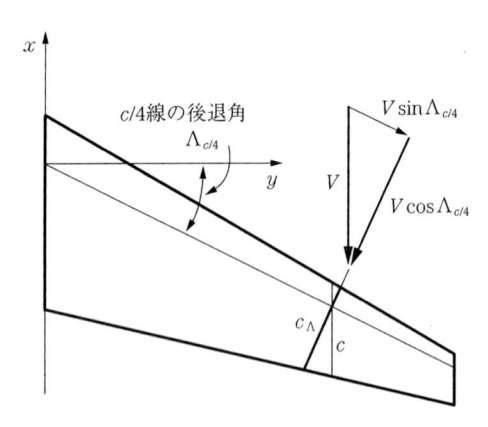

図 2.12-3　後退翼の有効速度

2.12.4　揚力傾斜に及ぼす後退角の影響

　後退角のない楕円翼の場合，翼型の揚力傾斜を a_0 と書くと，誘導迎角 α_i だ

け有効迎角が減少するから，揚力傾斜が次のように与えられることを2.9節で述べた．

$$C_L = a_0 \left(\alpha - \frac{C_L}{\pi A} \right), \quad \therefore \quad C_{L_\alpha} = \frac{a_0}{1 + a_0/(\pi A)}$$

問 2.12-2

後退翼の揚力傾斜

後退角のない楕円翼の結果を用いて，後退角 $\Lambda_{c/4}$ がある場合の揚力傾斜を求めよ．

後退翼では有効速度が $\cos \Lambda_{c/4}$ に減るので，迎角および誘導迎角が $1/\cos \Lambda_{c/4}$ に増大する．すなわち，揚力 L が次式で与えられる．

$$L = \frac{1}{2} \rho (V \cos \Lambda_{c/4})^2 S a_0 \left(\alpha - \frac{CL}{\pi A} \right) \frac{1}{\cos \Lambda_{c/4}}$$

この式を $0.5 \rho V^2 S$ で無次元化すると

$$C_L = a_0 \left(\alpha - \frac{C_L}{\pi A} \right) \cos \Lambda_{c/4}, \quad \therefore \quad C_{L_\alpha} = \frac{a_0 \cos \Lambda_{c/4}}{1 + a_0 \cos \Lambda_{c/4}/(\pi A)}$$

この結果は，後退翼が非常に細長く，形状も楕円翼を仮定した結果である．実用範囲の後退翼では，図 2.12-3 にあるように，その条件とはかなり異なった形状である．翼の中央部では単純な後退翼とは違った流れとなり，胴体部との干渉もある．翼端部付近の流れはもっと複雑である．

しかし，実用範囲の後退翼に対して，上で求めた揚力傾斜の式に次のような修正を加えるとかなり良い近似式となることが知られている．すなわち，上記の C_{L_α} の式で，翼型の揚力傾斜を $a_0 = 2\pi$ とし，分母の πA に修正値 2/3 を掛けた次式である．

$$C_{L_\alpha} = \frac{2\pi \cos \Lambda_{c/4}}{1 + 3 \cos \Lambda_{c/4}/A}$$

図 2.12-4 に，この式で計算した後退翼の揚力傾斜の結果を示す．旅客機で用いられるアスペクト比 $A=10$，後退翼 $\Lambda=45°$ の場合で見てみると，$\Lambda=0°$ の場合に比べて後退角により揚力傾斜が 75% 程度に減少することがわかる．

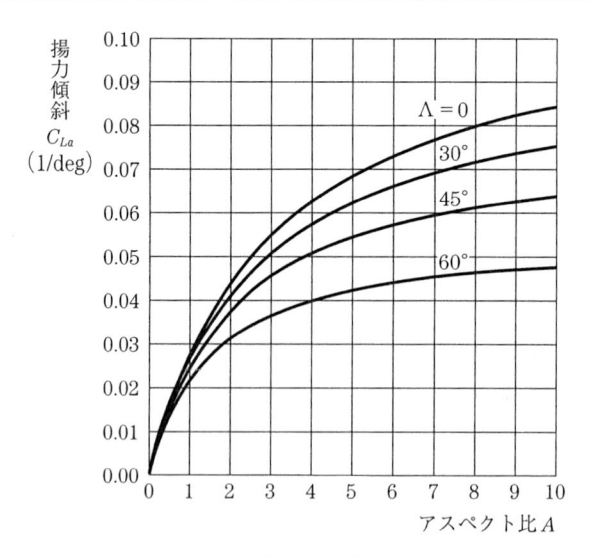

図 2.12-4　後退翼の揚力傾斜

高速化のためには後退翼を採用せざるを得ないが，揚力傾斜の減少は影響が大きい．重量を支える揚力を得るために，大きな迎角にするか，または大きな翼面積が必要になる．どちらも抵抗の増加を招くことになるので，高速化の追求も他の性能とのバランスが大切である．

2.12.5　後退翼の翼端失速

問 2.12-3

後退翼の横流れ

横滑りしている直線翼の流れについては既に述べたが，翼端失速の観点からその流れの状態について詳しく述べよ．

後退角を大きくすると，翼端失速の危険が増すことに注意が必要である．**図 2.12-5** は後退翼の横流れ現象である．$c/4$ 線の方向の流れの速度は変化しないが，それに直角な流れは翼型の変化に応じて速度が変化する．そのため，図に示すように，前縁付近では横に流れ，その後直角な流れが加速されて飛行方向と平行に流れた後，再び翼端側に流れる傾向がある．しかも翼弦長の後半部

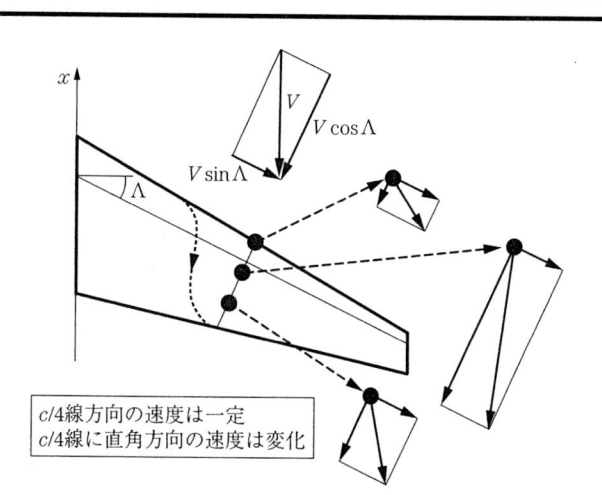

図 2.12-5　後退翼の横流れ

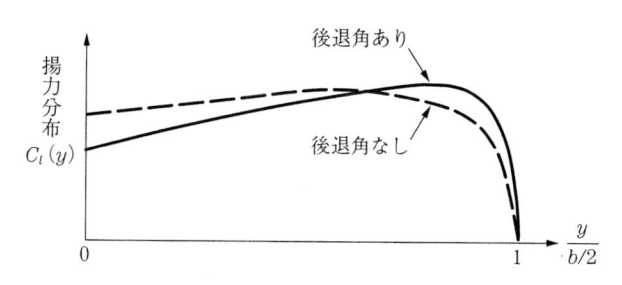

図 2.12-6　後退角による揚力分布への影響

では境界層が発達するので，直角な流れの速度が遅くなり横流れを助長する．

図 2.12-6 に示すように，後退角によって揚力分布も影響を受ける．後退角を増すと，揚力の最大値が翼端側に移動する．その結果，翼端失速の危険性が増すので注意が必要である．

後退翼では翼端失速が起こると，後ろ側の揚力が減るので頭上げ側にモーメント変化が生じる．その結果，更に迎角が増すことになる．対策としては，翼の前縁に小さなフェンス（渦発生板）を付けて渦を積極的に発生させて境界層を吹き払ったり，また，翼の後半部に比較的長いフェンス（境界層板）を付けて横流れを防ぐことが行われる．

後退翼の最大揚力係数 $C_{L_{max}}$ は，後退角 $\Lambda=0$ の翼に対して，有効迎角が cos

Λ倍で小さくなること,また揚力傾斜$C_{L\alpha}$がほぼ$\cos\Lambda$倍で小さくなることから近似的に次のように表される.

$$(C_{L_{max}})_\Lambda \fallingdotseq (C_{L_{max}})_{\Lambda=0} \cdot \cos^2\Lambda$$

この式の後退角Λによる変化は図 2.12-7 のようになる.$\Lambda=45°$になると最大揚力係数は半分になることがわかる.

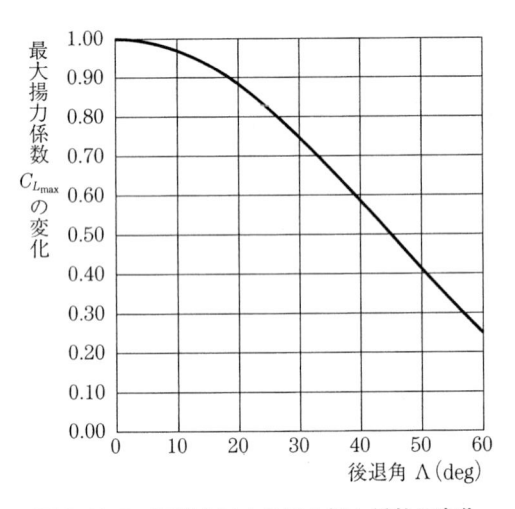

図 2.12-7　後退角による最大揚力係数の変化

なお,後退翼は構造的にも不利になる.翼幅は同じとすると後退角Λによって翼の長さが$1/\cos\Lambda$倍となる.$\Lambda=45°$では 1.4 倍長くなり翼根での曲げモーメントが増大するので,重量増加の要因になる.いずれにしても後退角を小さくして要求性能を満足するように努力する必要がある.

2.13　前縁半径の影響

最大揚力係数$C_{L_{max}}$は,前縁半径r_0(図 2.13-1)にも影響を受ける.特に,後退翼Λと前縁半径との組み合わせにより大きく変化する.

2.13 前縁半径の影響

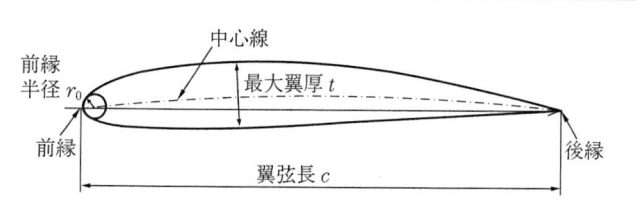

図2.13-1 翼型の各部名称

問 2.13-1

前縁半径と後退角

2.7節において，翼型の失速特性として，後縁失速型，前縁失速型および薄翼失速型の3つのタイプがあることを述べた．同じ前縁半径比 r_0/c の翼も後退角が大きくなると，はく離タイプがどのように変化するか．

図2.13-2は，後退翼について，前縁半径比 r_0/c がはく離タイプに与える影響を示したものであるが，後退角 Λ があると失速の様子が変化する．後退角が大きくなると，前縁に渦を伴うはく離が起こる傾向となる．

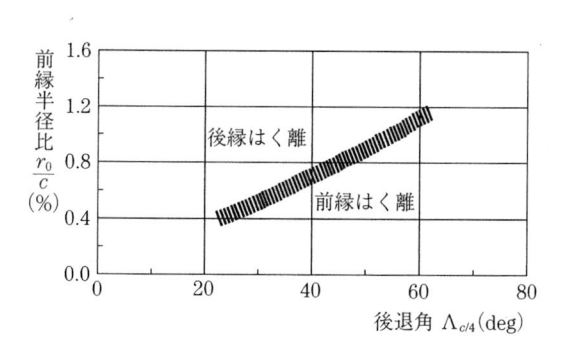

図2.13-2 前縁半径比とはく離型との関係
（Furlong 他，NACA TR-1339, 1957[4]）

2.14 有害抗力係数

本節では，揚力に依存しない抗力である**有害抗力係数** C_{D_0} について述べる．有害抗力には次のようなものがある．

① 主翼，尾翼の摩擦抵抗
② 主翼，尾翼の翼厚による圧力抵抗
③ 胴体による摩擦抵抗
④ 胴体による圧力抵抗
⑤ その他（翼と胴体の干渉抵抗，脚など）

摩擦抵抗の推算については2.7節に述べた．その方法を用いて，上記①および③の摩擦抵抗を推算することができる．

圧力抵抗②については，次式の係数を①の係数に掛けて使用する[22]．

$$K_{WP} = \left[1 + \frac{0.6}{(x/c)_m} \cdot \frac{t}{c} + 100\left(\frac{t}{c}\right)^4\right] \cdot [1.34 M^{0.18} (\cos \Lambda_m)^{0.28}]$$

（最大翼厚位置 $(x/c)_m$，翼厚比 t/c，マッハ数 M，

最大翼厚の後退角 Λ_m）

圧力抵抗④については，次式の係数を③の係数に掛けて使用する[22]．

$$K_{FP} = 1 + \frac{60}{f^3} + \frac{f}{400} \quad \left(f = \frac{l}{d}, \text{胴体長さ } l, \text{胴体直径 } d\right)$$

なお，⑤についてはここでは省略する．

2.15 全機の抗力係数

機体全機の抗力係数 C_D は，2.14節で述べた有害抗力係数 C_{D_0} と，2.9節および2.10節で述べた誘導抗力係数 C_{D_i} の2つの項で表される．すなわち

$$C_D = C_{D_0} + C_{D_i}$$

と表される．この式の右辺第1項の C_{D_0} は形状による抗力であり，第2項の C_{D_i} は揚力発生に伴う抗力で揚力係数の2乗に比例する抗力である．この揚力

2.15 全機の抗力係数

係数の2乗に比例する係数を k と置くと，抗力係数 C_D は次のように C_{D_0}, k, C_L で表される．

$$C_D = C_{D_0} + kC_L^2$$

（有害抗力係数 C_{D_0}，誘導抗力の比例係数 k，揚力係数 C_L）

この式の右辺第2項の比例係数 k は，2.9節および2.10節から次のように表すことができる．

$$k = \frac{1}{\pi e A}$$

（**飛行機効率** e，アスペクト比 $A = b^2/S$，翼幅 b，主翼面積 S）

ここで，e は楕円翼の誘導抗力の理論値からの修正係数であり，実際の翼形状の影響，有効アスペクト比の低下，機体各部の干渉などの種々の因子を含み 0.8 程度の値である．なお，π は円周率である．

問 2.15-1

有害抗力と誘導抗力との比率

揚力係数 $C_L = 0.4$，有害抗力係数 $C_{D_0} = 0.02$ で巡航している機体について，アスペクト比 $A = 4, 7, 10, 30$ の機体の抗力を求め，このとき有害抗力は抗力の内で何%を占めるかを示せ．ただし，$e = 0.8$ とする．

$A = 4, 7, 10, 30$ の機体に対する誘導抗力の係数 k，揚力係数 C_L，誘導抗力係数 C_{D_i}，有害抗力係数 C_{D_0}，全抗力係数 C_D，$A = 7$ の機体を基準とした抗力係数 C_D の比，全抗力係数に占める有害抗力係数の比率 C_{D_0}/C_D は**表 2.15-1** のようになる．アスペクト比 $A ≒ 7$ である大型旅客機の有害抗力係数の比率 $C_{D_0}/$

表 2.15-1 有害抗力と誘導抗力との比率

A	k	C_L	C_{D_i}	C_{D_0}	C_D	$C_D/(C_D)_{A=7}$	C_{D_0}/C_D
4	0.100	0.4	0.0160	0.02	0.0360	1.23	56%
7	0.057	0.4	0.0091	0.02	0.0291	1.00	69
10	0.040	0.4	0.0064	0.02	0.0264	0.91	76
30	0.013	0.4	0.0021	0.02	0.0221	0.76	90

C_D は約 70% を占めることがわかる．このアスペクト比を $A=10$ に増加するとその比率は 76% に増加する．長時間の巡航飛行を行う長距離機については，アスペクト比を大きくし，有害抗力係数を低減することが重要である．なお，表 2.15-1 で $A=30$ は人力飛行機に採用されているアスペクト比である．ただし，人力飛行機の場合は速度が遅いので，誘導抗力の方が大きくなる．

図 2.15-1 はアスペクト比が変化した場合の主翼形状の変化例であるが，アスペクト比を変えると機体のイメージが大きく変わることがわかる．ジャンボ機では A は 7 程度，戦闘機では A は 2〜3.5 程度の値である．

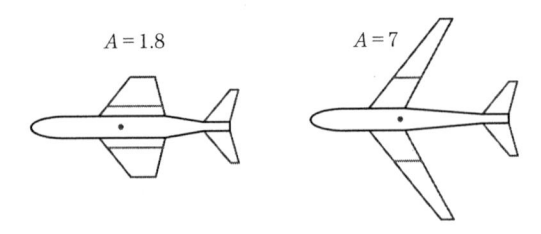

図 2.15-1　アスペクト比 A の違い

2.16　自動車とは異なる抗力の不思議

問 2.16-1

有害抗力と誘導抗力の違い

抗力 D は速度 V の 2 乗に比例する項（有害抗力）と，V の 2 乗に反比例する項（誘導抗力）の和で表されることを説明せよ．

飛行機に作用する抗力 D は，抗力係数 C_D を用いると次のように表される．

$$D = \frac{1}{2}\rho V^2 S C_D = \frac{1}{2}\rho V^2 S (C_{D_0} + kC_L^2)$$

一方，飛行機が空中に浮くためには，機体重量 W に等しい揚力 L を発生させる必要がある．すなわち，次の式で表される揚力係数 C_L が必要である．

2.16 自動車とは異なる抗力の不思議

$$W = L = \frac{1}{2}\rho V^2 S C_L \quad \therefore \quad C_L = \frac{2W}{\rho V^2 S}$$

この式を上記の抗力 D の右辺の括弧内の第2項の C_L に代入すると，抗力 D は次のように表される．

$$D = \frac{\rho S C_{D_0}}{2} \cdot V^2 + \frac{2kW^2}{\rho S} \cdot \frac{1}{V^2}$$

（空気密度 ρ，主翼面積 S，有害抗力係数 C_{D_0}，機体速度 V，

誘導抗力の比例係数 k，機体重量 W）

これから，抗力 D は速度 V の2乗に比例する項（有害抗力）と，V の2乗に反比例する項（誘導抗力）の和で表されることがわかる．有害抗力は自動車のような地上の乗り物に働く抗力と同じであるが，誘導抗力は空中で重量を支えるための揚力を必要とする飛行機に特有なものである．この第2項の誘導抗力があるために，飛行機は地上の乗り物とは大きく違った特性を示す．

問 2.16-2

抗力には速度変化に対して最小値がある

飛行機の抗力はある速度以下になると増加する．これは地上の乗り物に働く抗力とは異なった現象である．この現象について説明せよ．

地上の乗り物の抗力は速度が高くなると増加する．これは常識的にも納得できるものである．ところが，飛行機の場合には速度が低くなると抗力が増加する第2項の誘導抗力が存在する．これはなかなか納得できない現象であろう．飛行機の場合，図 2.16-1 に示すように抗力の最小値が存在する．抗力が最小になる速度以下では，速度を下げると抗力が増加するという地上の乗り物にはない性質がある．

速度を下げると抗力が増加するという現象について，もう少し考えてみよう．抗力 D は上記のように

$$D = \frac{1}{2}\rho V^2 S C_{D_0} + \frac{1}{2}\rho V^2 S k C_L^2$$

と表される．右辺第1項は，有害抗力で機体の形状による抗力である．これに

第2章 空力設計

抗力 D (t)

グラフ中の式:
$$D = D_0 + D_i$$

D 最小, L/D 最大

有害抗力
$$D_0 = \frac{\rho S C_{D_0}}{2} \cdot V^2$$

誘導抗力
$$D_i = \frac{2kW^2}{\rho S} \cdot \frac{1}{V^2}$$

機体速度 V (m/s)

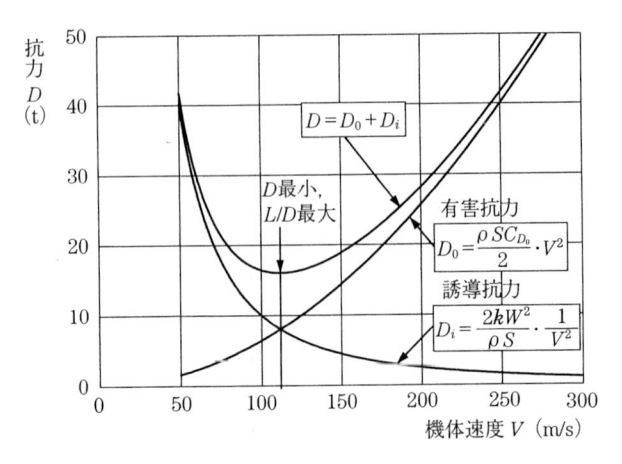

図 2.16-1　飛行機の抗力には最小値がある

対して，第2項は誘導抗力で揚力係数 C_L の2乗に比例する抗力である．C_L の2乗は次式のように V^4 に逆比例する．

$$C_L = \frac{2W}{\rho V^2 S}, \quad \therefore \quad C_L^2 = \frac{4W^2}{\rho^2 V^4 S^2}$$

例えば，速度 V が 10% 減少すると，動圧は V^2 で 20% 減少するが，C_L^2 の方は 50% 増加する．すなわち，減速した場合，動圧の減少よりも C_L^2 の増加の方が大きくなり，結果として抗力は増加する．低速になると，重量 W を支えるために揚力係数 C_L を増す必要がある．

その結果，2.9節で述べたように，翼には C_L に応じた循環流が発生し，翼に吹き下ろし速度 w を生じさせる．この w は C_L に比例する．翼に働く有効迎角は吹き下ろし分だけ減少し，結果として力の発生する方向が吹き下ろしに相当する角度分だけ後に傾く．

揚力 L は機体速度 V に垂直に働くものと定義するので，後に傾いた力は合力である．この傾いた合力の飛行方向と反対方向の力が誘導抗力である（図 2.16-2）．誘導抗力係数 C_{D_i} は，揚力分の C_L と吹き下ろし分の C_L，すなわち，C_L の2乗に比例して増加することになる．低速で飛行機の重量を支えることは，低速で抗力が増加するという大きな犠牲を払って成り立っているわけである．

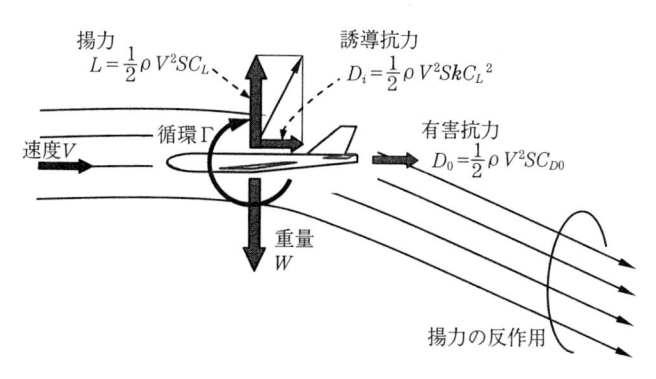

図2.16-2 有害抗力と誘導抗力

　図2.16-1に示したように，抗力には最小値があるが，抗力が最小値となる速度は有害抗力と誘導抗力が等しくなる速度である．これも不思議なことである．それは次のような事実による．いま，次の関数を考えてみる．

$$f(x) = Ax^n + B\frac{1}{x^n}$$

これを微分して0と置くと

$$f'(x) = nAx^{n-1} - nB\frac{1}{x^{n+1}} = \frac{n}{x}\left(Ax^n - B\frac{1}{x^n}\right) = 0$$

　関数$f(x)$が極値となるのは，$Ax^n = B/x^n$のときであり，これは，関数$f(x)$の右辺の第1項と第2項が同じ値になる場合である．すなわち，2つの関数において，一方がある変数に比例し，もう一方が逆比例する場合には，加えたものの極値は両者が等しくなる場合が条件となる．

2.17 揚力と抗力の比が飛行性能を左右する

　飛行機が一定速度で水平飛行している場合を考えよう．この飛行では揚力を重量に等しく，またエンジン推力を抗力に等しくする．すなわち，次式である．

$$W = L = \frac{1}{2}\rho V^2 S C_L, \quad (揚力 L, 機体重量 W)$$

$$T = D = \frac{1}{2}\rho V^2 S C_D, \quad (\text{エンジン推力}\ T,\ \text{抗力}\ D)$$

ここで，揚力係数 C_L および抗力係数 C_D を用いてこれらの式を変形してみよう．まず上記第1の式から

$$\frac{1}{2}\rho V^2 S = \frac{W}{C_L}$$

となるから，これを用いると第2の式は次のようになる．

$$T = D = \frac{1}{2}\rho V^2 S C_D = W\frac{C_D}{C_L}$$

(エンジン推力 T，抗力 D，空気密度 ρ，機体速度 V)
(主翼面積 S，抗力係数 C_D，揚力係数 C_L，機体重量 W)

この推力 T の式は，非常に興味深い式である．すなわち，巡航飛行する飛行機の必要エンジン推力 T は抗力 D に等しいものであるが，これは機体重量 W に比例し，また抗力係数 C_D と揚力係数 C_L との比 C_D/C_L に比例する．重量は揚力で支えるものであるのに，必要エンジン推力が重量に比例するというのは不思議である（**図 2.17-1**）．

抗力係数 C_D と揚力係数 C_L との比 C_D/C_L の値は，抗力 D と揚力 L との比 D/L の値に等しい．この値の逆数である C_L/C_D または L/D は**揚抗比**と呼ばれ，飛行性能の善しあしを決める重要な指標の1つである．エンジン推力 T を小さくするには抗力 D を小さくすればよいことがわかるが，抗力 D を小さくするには揚抗比 C_L/C_D あるいは L/D を大きくするのがよいというのも不思議である．この疑問は次のように考えるとよい．

$$D = W\frac{C_D}{C_L} = W\frac{D}{L} = \frac{W}{L}D = D, \quad \therefore\ W = L$$

推力 T ← 　　抗力 $D = W\dfrac{C_D}{C_L}$

(重量 W，揚抗比の逆数 C_D/C_L)

図 2.17-1　必要エンジン推力

問 2.17-1

抗力最小の条件
抗力が最小値となる揚力係数を求め,そのときの速度を求めよ.

抗力の最小値は揚抗比 C_L/C_D が最大となるときである.これを実際に求めてみると次のようになる.

$$\frac{d}{dC_L}\left(\frac{C_D}{C_L}\right) = \frac{d}{dC_L}\left(\frac{C_{D_0}}{C_L}+kC_L\right) = -\frac{C_{D_0}}{C_L{}^2}+k = 0$$

$$\therefore\ C_{L_1}=\sqrt{\frac{C_{D_0}}{k}}, \quad \text{これに対応する速度}:V_{L_1}=\sqrt{\frac{2W}{\rho S C_{L_1}}}$$

この揚力係数 C_{L_1} の値は特徴的である.$\sqrt{\ }$ の中は有害抗力係数 C_{D_0} と誘導抗力の係数 k との比である.抗力最小で飛行するには,C_{D_0} が大きい場合は大きな揚力係数(すなわち低速度)で,また k が大きい場合は小さな揚力係数(すなわち高速度)で飛行することになる.このときの実際の抗力最小値および揚抗比の最大値は次のようになる.

$$D_{\min}=2W\sqrt{kC_{D_0}},\ \left(\frac{C_L}{C_D}\right)_{\max}=\frac{1}{2\sqrt{kC_{D_0}}}$$

機体速度を維持するためには,この値と等しいエンジン推力が必要である.これを小さく抑えるためには,C_{D_0} と k をそれぞれ小さくする必要がある.C_{D_0} は地上の乗り物と同じ有害抗力係数であり,極力小さな形状とすることで小さくできる.

第3章 安定性・操縦性

　前章では，飛行機を設計する上で必要な空気力の性質，翼に働く揚力および抗力，また3次元翼の特性などについて学んだ．機体に働く空気力が推算できると，次に飛行機を安定に飛ばすための検討を行う．これは安定性・操縦性と言われ，尾翼の大きさや主翼に対する取り付け位置，操縦舵面の大きさなどを決めていく．本章ではこれらの安定性・操縦性の検討に必要な基礎事項について述べる．

3.1 機体運動を表す座標軸と変数

　ここで，機体の運動について考える際に用いる座標軸と運動変数について説明しておこう．機体に固定したx軸，y軸およびz軸を**図3.1-1**のように取る．特にz軸は垂直下側を正に取ることに注意する．空中における運動を解析する場合には，このように機体軸を定義するのが一般的である．x軸，y軸およびz軸回りの角速度を，それぞれ**ロール角速度**p，**ピッチ角速度**qおよび**ヨー角速度**rと言い，機体を水平に置きx軸に平行に胴体中央部分を切った面を対称面という．機体が対称面内のみで運動する場合を**縦系の運動**と言い，この運動を表す変数はピッチ角速度qと迎角αである．

　一方，対称面内以外の運動をする場合，その運動を**横・方向系の運動**という．ここで，"横"とはロール角速度pの運動でありy軸方向の運動ではない．y軸方向の運動は横滑り運動である．また，"方向"とはヨー角速度rの運動で

第3章　安定性・操縦性

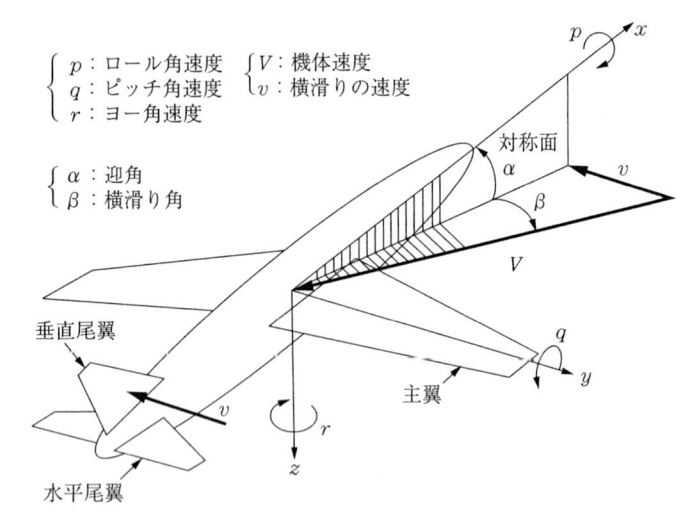

$\begin{cases} p: \text{ロール角速度} \\ q: \text{ピッチ角速度} \\ r: \text{ヨー角速度} \end{cases}$ $\begin{cases} V: \text{機体速度} \\ v: \text{横滑りの速度} \end{cases}$

$\begin{cases} \alpha: \text{迎角} \\ \beta: \text{横滑り角} \end{cases}$

図 3.1-1　機体軸と運動変数

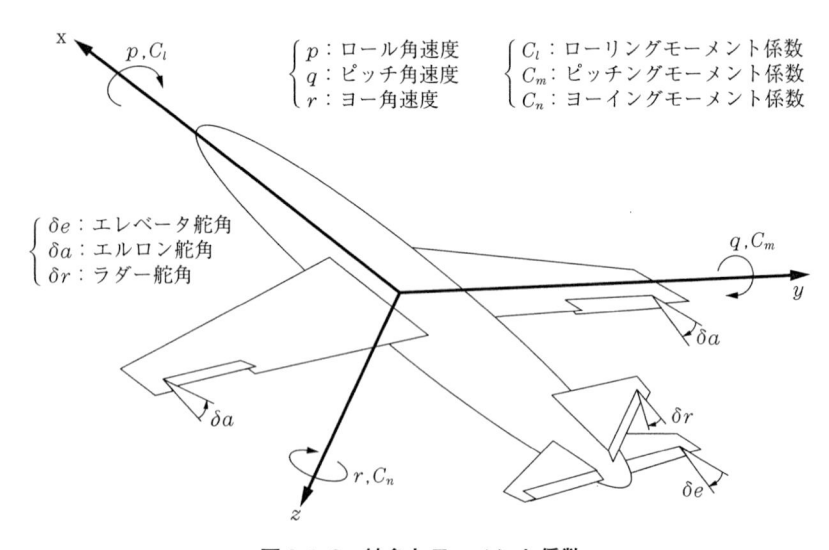

$\begin{cases} p: \text{ロール角速度} \\ q: \text{ピッチ角速度} \\ r: \text{ヨー角速度} \end{cases}$ $\begin{cases} C_l: \text{ローリングモーメント係数} \\ C_m: \text{ピッチングモーメント係数} \\ C_n: \text{ヨーイングモーメント係数} \end{cases}$

$\begin{cases} \delta e: \text{エレベータ舵角} \\ \delta a: \text{エルロン舵角} \\ \delta r: \text{ラダー舵角} \end{cases}$

図 3.1-2　舵角とモーメント係数

ある．通常 p の運動と r の運動は一緒に生じるので，そのような運動は"横・方向運動"と言われる．機体が y 軸方向に運動する場合，その横滑りの速度を v，**横滑り角**を β とすると，図 3.1-1 に示すように $v = V \sin \beta$ の関係が

ある.

図 3.1–2 に示すように,パイロットが機体に設けられた舵面のエルロン δa,エレベータ δe,ラダー δr を操舵することによって,それぞれ x, y, z 軸回りに空気力によるモーメント係数 C_l, C_m, C_n が発生して,その結果として角速度 p, q, r の運動が得られる.

3.2 縦の静安定

3.2.1 釣り合い飛行状態

図 3.2–1 は,機体が水平飛行している場合の鉛直方向の力の釣り合いを示している.重心点 x_{CG} において,重量 W と揚力 L が釣り合っている.

機体が水平に飛行するためには,図 3.2-1 に示す釣り合い状態が必要であるが,このままでは安定な飛行を続けられるとは限らない.安定な飛行とは,機体が突風を受けて機首が上がった場合に,自然と元に戻るような特性を有していなければならない.

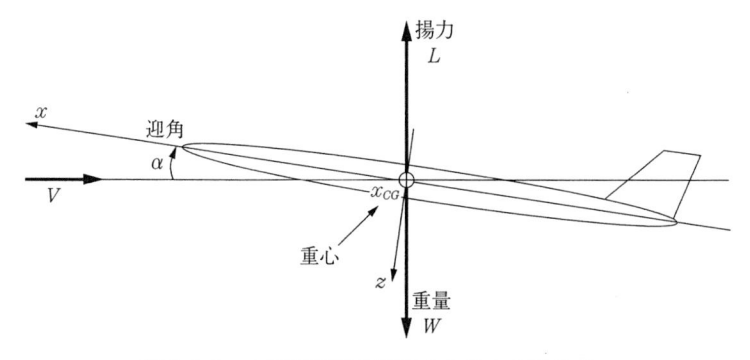

図 3.2–1　水平飛行での鉛直方向の力の釣り合い

例えば,図 3.2–2 のように天秤で重さを量る場合を考えてみると,ちょうど釣り合うおもりで物体を支えたときに,最初は天秤の棒が振動してしまうことがある.それを止めるには手で棒を直接安定させる必要がある.また,計測中に棒にさわって振動させてしまうと,止まるまでに時間が掛かる.これは,天秤自体に振動を止めるような性質がないからである.飛行機の場合,空中には

第3章 安定性・操縦性

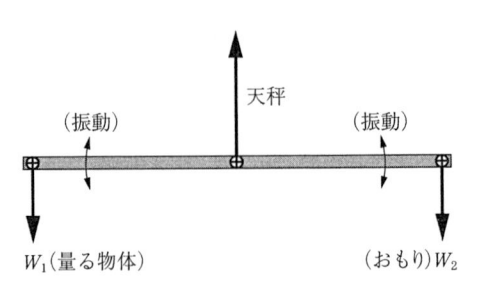

図3.2-2 天秤で重さを量る場合

常に突風があるため，自然に元に戻る性質がないと乗客は快適な旅はできないし，振動によって安定が崩れて目的のルートから外れてしまう．

それでは，飛行機はどのように安定飛行を実現しているのだろうか．次にそれを考えてみよう．

3.2.2 縦の静安定

問 3.2-1

縦の静安定の条件

釣り合い飛行状態から，迎角が変化した際に元の釣り合い状態に戻る性質を有するためには，重心位置が揚力作用点よりも前方になっていることが必要である理由を述べよ．

飛行機が**図 3.2-3**に示すように，水平飛行している釣り合い状態から，迎角が $\Delta\alpha$ だけ増加したときに，機体の揚力が ΔL だけ増加するとする．このとき，

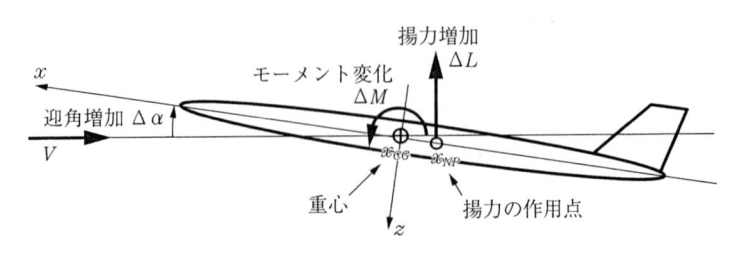

図3.2-3 縦静安定

3.2 縦の静安定

ΔL の揚力が重心周りに作るモーメント ΔM が機首を下げる方向（迎角 $\Delta\alpha$ を戻す方向）に働くとき，**縦の静安定**が正であると言い，このように設計された機体は突風の中を安定に飛行することが可能となる．このようになるのは，図 3.2-3 に示すように，重心位置 x_{CG} が揚力の作用点 x_{NP} よりも前にあることが必要である．このとき，迎角増加で発生したモーメントが重心よりも後方に着力点があるために，機首を下げるように働いて元の釣り合い状態に戻るようになる．

前節の図 3.1-2 に示したように，y 軸回りの機首上げピッチングモーメント係数を C_m とすると，迎角 1°当たりの C_m の変化を $C_{m\alpha}$ と書き，これを**縦静安定微係数**という．迎角が＋1°増加したときに機首が下がる方向は $C_{m\alpha}<0$ であり，このとき縦の静安定が正となる．機体に $C_{m\alpha}<0$ の性質を与えるための工夫を以下に述べる．

3.2.3 主翼および水平尾翼に働く揚力

図 3.2-4 に示すように，機体が水平飛行している場合を考える．主翼の揚力 L_w は，空力中心（2.11 節参照）に作用し，その大きさは迎角 α に比例するとして次式で表される．

$$L_w = \bar{q} S a_w \alpha$$

（動圧 $\bar{q}=0.5\rho V^2$，主翼面積 S，揚力傾斜 a_w，迎角 α）

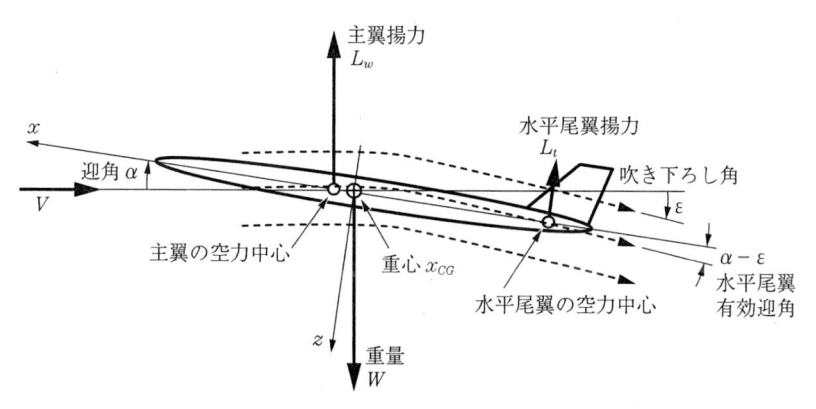

図 3.2-4 主翼および水平尾翼の揚力

水平尾翼の揚力 L_t は，主翼の揚力による吹き下ろし ε（2.8節参照）の影響を受け，有効迎角が $\alpha-\varepsilon$ となるため次のように表される．

$$L_t = \bar{q}_t S_t a_t (\alpha - \varepsilon)$$

（動圧 $\bar{q}_t = 0.5\rho V_t^2$，水平尾翼面積 S_t，揚力傾斜 a_t，迎角 α）

3.2.4 全機の揚力

全機の揚力 L は，上記の主翼の揚力 L_w と水平尾翼の揚力 L_t を加えて次式で表される．

$$L = L_w + L_t$$

ただし，ここでは胴体との干渉空気力は省略している．この式の両辺を $\bar{q}S$ で割って無次元化すると次式が得られる．

$$C_L = a_w \alpha + \eta_t \frac{S_t}{S} a_t (\alpha - \varepsilon)$$

ここで，$\eta_t = \bar{q}_t/\bar{q}$ は，**水平尾翼効率**と言われ，水平尾翼位置で動圧が変化する影響を表す．また，吹き下ろし角 ε は迎角の関数であるから次のように表される．

$$\varepsilon = \varepsilon_0 + \frac{\partial \varepsilon}{\partial \alpha} \alpha$$

この式を上記式に代入すると，全機の揚力係数 C_L が次のように得られる．

$$C_L = C_{L_0} + C_{L_\alpha} \alpha, \quad C_{L_0} = -\eta_t \frac{S_t}{S} a_t \varepsilon_0, \quad C_{L_\alpha} = a_w + \eta_t \frac{S_t}{S} \cdot a_t \left(1 - \frac{\partial \varepsilon}{\partial \alpha}\right)$$

（主翼面積 S，水平尾翼面積 S_t，主翼揚力傾斜 a_w，
水平尾翼揚力傾斜 a_t，迎角 α，迎角0の吹き下ろし角 ε_0，
吹き下ろし角傾斜 $\partial\varepsilon/\partial\alpha$，水平尾翼効率 η_t）

すなわち，全機の揚力係数は，迎角0のときの揚力係数 C_{L_0} と，迎角に比例する揚力傾斜 C_{L_α} の項で表される．揚力傾斜 C_{L_α} は，主翼の揚力傾斜 a_w と水平尾翼の揚力傾斜 a_t および吹き下ろし項 $(1-\partial\varepsilon/\partial\alpha)$ で表わされる．この吹き下ろし項 $(1-\partial\varepsilon/\partial\alpha)$ は，旅客機のようなアスペクト比が大きな機体では 0.5程度の値，また戦闘機のようなアスペクト比が小さな機体では小さな値と

なる．全機の揚力傾斜 C_{L_α} は上記式から，主翼の揚力傾斜 a_w よりも大きくなる（図 3.2–5）．

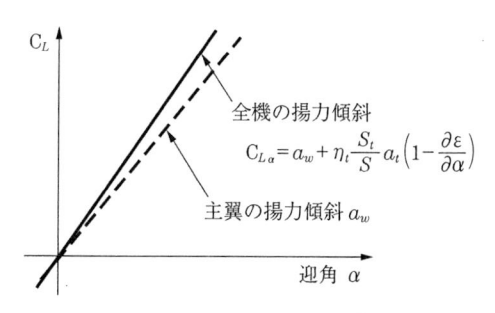

図 3.2–5　全機の揚力傾斜

3.2.5　揚力の作用点

問 3.2–2

迎角変化による揚力の作用点

縦の静安定を正（$C_{m_\alpha}<0$）にするには，図 3.2–3 に示した揚力の作用点 x_{NP} が重要な役割を持つ．この点は，釣り合った状態から迎角が変化した場合に変化する揚力の作用点である．この揚力の作用点を求める関係式を導出せよ．

図 3.2–6 は，水平飛行の釣り合い状態（迎角 α_0）から，機首が何らかの原因で上がった場合で，そのときの迎角増加 $\Delta\alpha$ による主翼および水平尾翼の揚力増加はそれぞれ次のようになる．

$$\Delta L_w = \bar{q} S a_w \cdot \Delta\alpha, \qquad \Delta L_t = \bar{q}_t S_t a_t \left(1 - \frac{\partial \varepsilon}{\partial \alpha}\right) \cdot \Delta\alpha$$

$$\therefore \frac{\Delta L_t}{\Delta L_w} = \eta \frac{S_t}{S} \cdot \frac{a_t}{a_w} \left(1 - \frac{\partial \varepsilon}{\partial \alpha}\right)$$

（水平尾翼効率 η_t，主翼面積 S，水平尾翼面積 S_t，主翼揚力傾斜 a_w，水平尾翼揚力傾斜 a_t，吹き下ろし角傾斜 $\partial\varepsilon/\partial\alpha$）

この結果を用いると，図 3.2–7 から次式が得られる．

第3章 安定性・操縦性

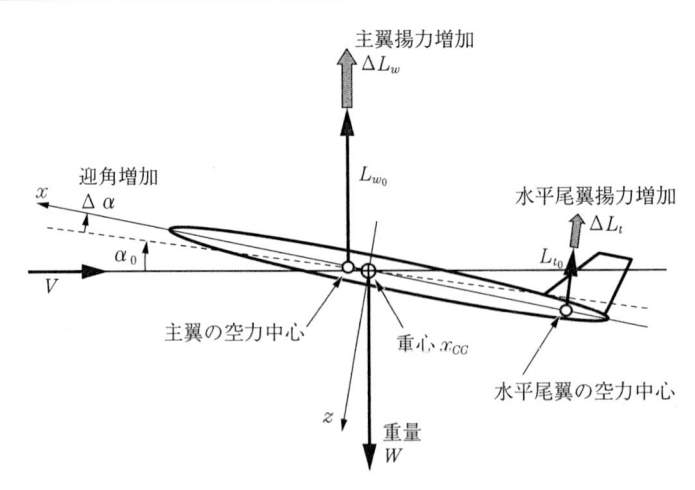

図 3.2-6 釣り合いからの迎角増加

<全機の空力中心 x_{NP}>

$$l_{wn} \cdot \Delta L_w = l_{tn} \cdot \Delta L_t \quad \therefore \quad \boxed{\frac{x_{NP}}{\bar{c}} = \frac{x_{NP_w}}{\bar{c}} + \eta_t V'_H \frac{a_t}{C_{L_\alpha}}\left(1 - \frac{\partial \varepsilon}{\partial \alpha}\right)}$$

ただし，水平尾翼容積比：$V'_H = \dfrac{S_t l'_t}{S\bar{c}}$

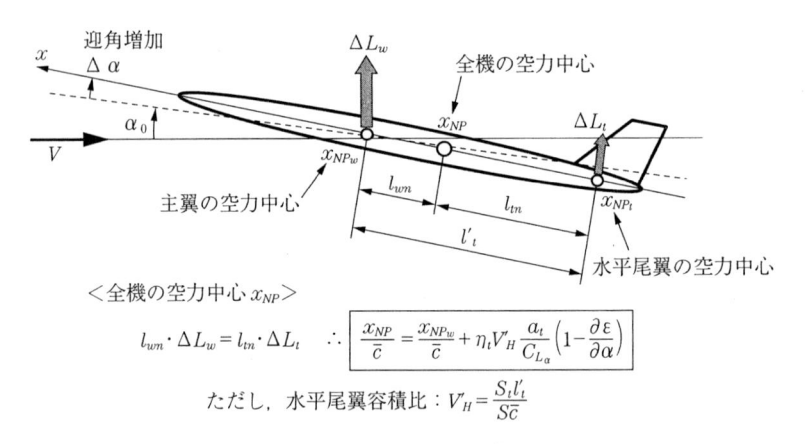

図 3.2-7 全機の空力中心

$$\frac{l_{wn}}{\bar{c}} = \frac{l'_t - l_{wn}}{\bar{c}} \cdot \frac{\Delta L_t}{\Delta L_w} = \eta_t \frac{S_t}{S} \cdot \left(\frac{l'_t}{\bar{c}} - \frac{l_{wn}}{\bar{c}}\right) \cdot \frac{a_t}{a_w}\left(1 - \frac{\partial \varepsilon}{\partial \alpha}\right)$$

$$\therefore \frac{l_{wn}}{\bar{c}}\left\{1 + \eta_t \frac{S_t}{S} \cdot \frac{a_t}{a_w}\left(1 - \frac{\partial \varepsilon}{\partial \alpha}\right)\right\} = \eta_t \frac{S_t l'_t}{S\bar{c}} \cdot \frac{a_t}{a_w}\left(1 - \frac{\partial \varepsilon}{\partial \alpha}\right)$$

一方，全機の揚力傾斜 C_{L_α} は，主翼と尾翼の合計であるから

$$C_{L_\alpha} = a_w \left\{ 1 + \eta_t \frac{S_t}{S} \cdot \frac{a_t}{a_w} \left(1 - \frac{\partial \varepsilon}{\partial \alpha} \right) \right\}$$

であるため，これを上記式に代入すると，次式が得られる．

$$\frac{l_{wn}}{\bar{c}} = \eta_t \frac{S_t l'_t}{S\bar{c}} \cdot \frac{a_t}{C_{L_\alpha}} \left(1 - \frac{\partial \varepsilon}{\partial \alpha} \right)$$

これから，迎角増加時の揚力の作用点 X_{NP} が図 3.2-7 に示す式のように得られる．この作用点 X_{NP} は"**全機の空力中心**"と言われる．

3.2.6 水平尾翼容積比

全機の空力中心 X_{NP} に重要な役割を演じる水平尾翼容積比について考えてみよう．図 3.2-8 に水平尾翼容積比 V'_H を示す．V'_H を大きくするためには，水平尾翼の面積を大きくするか，または主翼と水平尾翼の空力中心間の距離 l'_t を大きくすることが必要である．大型旅客機の例では，$S_t/S = 1/3.5$ 程度，$l'_t/\bar{c} = 3.5$ 程度であるから，$V'_H = 1$ 程度の値である．

なお，水平尾翼容積比 V'_H に用いられる主翼と水平尾翼 l'_t との距離は，両者の空力中心間の距離であることに注意が必要である．重心と水平尾翼との距離ではない．重心位置は燃料消費によって移動するが，全機の空力中心に関連する水平尾翼容積比 V'_H は重心とは無関係である．

水平尾翼容積比 $\boxed{V_H = \dfrac{S_t l'_t}{S\bar{c}}}$

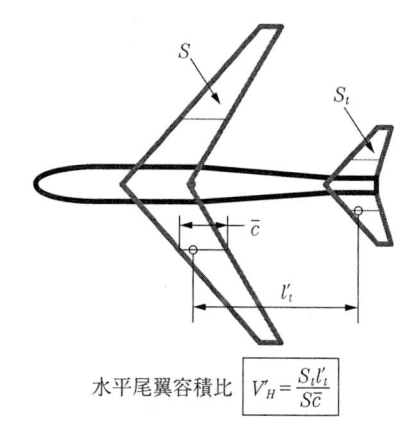

図 3.2-8 水平尾翼容積比

3.2.7 縦静安定微係数と静安定余裕

縦の静安定を正，すなわち縦静安定微係数 $C_{m_\alpha}<0$ とするには，図 3.2-7 に示す迎角増加時の揚力の作用点（全機の空力中心）x_{NP} よりも前方に重心があれば，縦の静安定は正となり，突風の中でも機体は安定に飛行可能となる．具体的に縦静安定微係数 C_{m_α} を求めてみよう．図 3.2-3 から

$$\Delta M = -(x_{NP}-x_{CG})\cdot \Delta L$$

この式の両辺を $\bar{q}S\bar{c}\cdot\Delta\alpha$ で割ると，C_{m_α} が次式のように得られる．

$$C_{m_\alpha}=-C_{L_\alpha}\frac{x_{NP}-x_{CG}}{\bar{c}}$$

（全機の空力中心位置 x_{NP}，重心位置 x_{CG}，平均空力翼弦 $\bar{c}$）

C_{m_α} の式の右辺の $(x_{NP}-x_{CG})/\bar{c}$ は，**静安定余裕**と呼ばれる．静安定余裕が正のとき $C_{m_\alpha}<0$ となり，飛行機は安定な飛行が可能となる．静安定余裕を確保するには，適量の水平尾翼容積比 V'_H を確保することが必要である（**図 3.2-9**）．

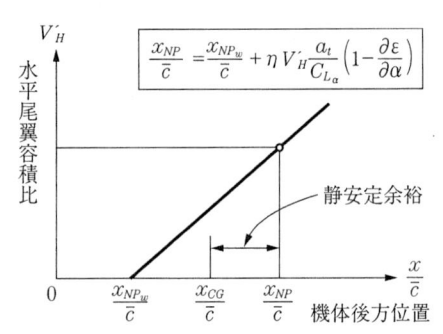

図 3.2-9 静安定余裕

問 3.2-3

水平尾翼容積比 0 の場合

水平尾翼容積比 $V'_H=0$ の場合に，静安定余裕を確保することが可能かどうかを述べよ．

飛行機の縦の静安定が正となるには，図 3.2-9 に示した静安定余裕を確保する必要がある．水平尾翼容積比 $V'_H=0$ の場合には，全機の空力中心は主翼の空力中心と一致するから，主翼の空力中心よりも前方に重心を持ってくれば静安定余裕を確保できる．無尾翼機はこのように飛行している．

3.3 縦の動安定

3.3.1　ピッチダンピング空力微係数

問 3.3-1

ピッチ角速度運動時の水平尾翼の役割

機体がピッチ角速度運動をしている場合，水平尾翼はどのような役割をするのか述べよ．

図 3.3-1 は，機体がピッチ角速度 q で回転運動した場合に，水平尾翼に揚力 ΔL_t が発生することを示している．q によって水平尾翼は下側に $l_t q$ の速度が生じる．この下側への速度変化を機速 V で割った $l_t q/V$ は，水平尾翼位置での局所迎角の増加量となる．したがって，水平尾翼揚力の増加分 ΔL_t が次のように表される．

$$\Delta L_t = \bar{q}_t S_t a_t \frac{l_t q}{V}　(動圧\ \bar{q}_t = 0.5\rho V_t^2,\ 水平尾翼面積\ S_t,\ 揚力傾斜\ a_t,$$

重心と水平尾翼距離 l_t，ピッチ角速度 q，機速 V）

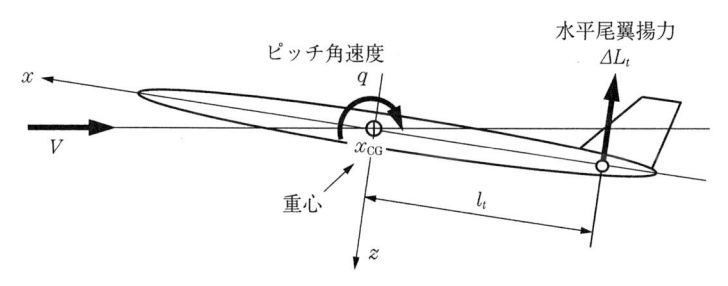

図 3.3-1　回転運動による揚力

この水平尾翼が発生する揚力が，機体のピッチ角速度運動を止めるように作用する．

ΔL_t の揚力に重心からの距離 l_t を掛けると重心周りのモーメントになるが，このモーメントを q による無次元のピッチングモーメント係数 C_{m_q} を用いて次のように表す．

$$l_t \cdot \Delta L_t = \bar{q}_t S_t a_t \frac{l_t^2 q}{V} \equiv \bar{q} S \bar{c} C_{m_q} \frac{\bar{c} q}{2V}$$

$$\therefore C_{m_q} = 2\eta_t \frac{S_t}{S} \cdot \left(\frac{l_t}{\bar{c}}\right)^2 a_t$$

(水平尾翼効率 $\eta_t = \bar{q}_t / \bar{q}$，主翼面積 S，水平尾翼面積 S_t，重心と水平尾翼距離 l_t，平均空力翼弦 $\bar{c}$，揚力傾斜 a_t)

この C_{m_q} は，ピッチ角速度 q を抑える方向のモーメントを表すことから，**ピッチダンピング空力微係数**と言われる．C_{m_q} は重心と水平尾翼距離 l_t の2乗に比例することがわかる．実際の C_{m_q} には，水平尾翼の揚力変化だけではなく，主翼が発生する揚力変化もダンピングとして寄与するがここでは省略した．C_{m_q} の大部分は水平尾翼によるものである．

3.3.2 上下運動と回転運動

問 3.3-2

上下運動と回転運動をしている場合

機体が z 軸方向の速度 w の運動と，ピッチ角速度 q の回転運動をしている場合，機体にはどのような力およびモーメントが働くかを述べよ．

z 軸方向の速度 w の運動と，ピッチ角速度 q の回転運動をしている場合，図 3.3-2 に示すように，機体には迎角変化 α による揚力変化 $\bar{q} S C_{L_\alpha} \alpha$ とモーメント変化 $\bar{q} S \bar{c} C_{m_\alpha} \alpha$ が生じ，またピッチ角速度 q によるモーメント変化 $\bar{q} S \bar{c} C_{m_q} \bar{c} q / (2V)$ が生じる．

したがって，z 軸方向の運動方程式は，機体質量を m として次のように表される．

3.3 縦の動安定

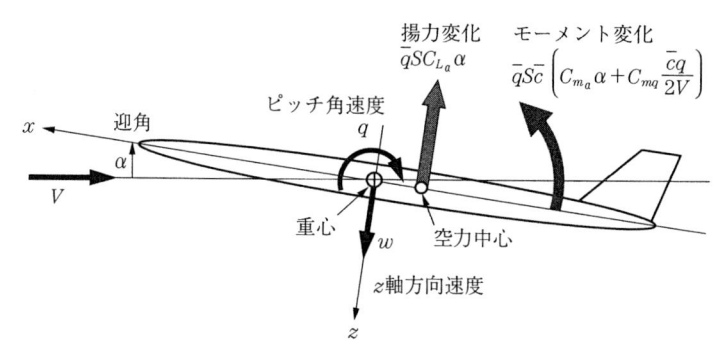

図 3.3-2 上下運動と回転運動

$$m\left(\frac{dw}{dt} - qV\right) = -\bar{q}SC_{L_\alpha}\alpha$$

ここで，左辺の( )内の第2項は，z軸がピッチ角速度 q で回転しているために表れる項である．この式の両辺を mV で割り，$w/V \fallingdotseq \alpha$ とすると，次のように変形できる．

$$\frac{d\alpha}{dt} = -\frac{\bar{q}SC_{L_\alpha}}{mV}\alpha + q$$

(動圧 $\bar{q}$，主翼面積 S，揚力傾斜 C_{L_α}，機体質量 m，
速度 V，迎角変化 α，ピッチ角速度 q)

次に，重心周りの回転運動の方程式は，慣性モーメントを I_y として次のように表される．

$$I_y\frac{dq}{dt} = \bar{q}S\bar{c}C_{m_\alpha}\alpha + \bar{q}S\bar{c}C_{m_q}\frac{\bar{c}q}{2V}$$

この式の両辺を I_y で割ると，次のように変形できる．

$$\frac{dq}{dt} = \frac{\bar{q}S\bar{c}C_{m_\alpha}}{I_y}\alpha + \frac{\bar{q}S\bar{c}^2C_{m_q}}{2VI_y}q$$

(動圧 $\bar{q}$，主翼面積 S，平均空力翼弦 $\bar{c}$，縦静安定微係数 C_{m_α}，
慣性モーメント I_y，迎角変化 α，ピッチダンピング空力微係数 C_{m_q}，
速度 V，ピッチ角速度 q)

第3章 安定性・操縦性

ここで導出した上下運動と回転運動の方程式の右辺の各項は，常に $\overline{q}S$ などが表れるので，次のように変数を置き換えて簡単に記述してみよう．

$$\overline{Z}_\alpha = -\frac{\overline{q}S}{mV}C_{L\alpha}, \qquad M_\alpha = \frac{\overline{q}S\overline{c}}{I_y}C_{m\alpha}, \qquad M_q = \frac{\overline{q}S\overline{c}^2}{2VI_y}C_{m_q}$$

これらは**有次元空力微係数**と言われる．この記述を用いると，上下運動と回転運動の方程式が次のように表される．

$$\begin{cases} \dfrac{d\alpha}{dt} = \overline{Z}_\alpha \alpha + q \\ \dfrac{dq}{dt} = M_\alpha \alpha + M_q q \end{cases}$$

これらの運動方程式は，迎角変化 α とピッチ角速度 q の2つの変数に関する連立微分方程式であるから，簡単に解くことができる．この解は1つの振動運動となり，比較的周期が短いので**縦短周期運動**と言われる．この振動運動の**固有角振動数**を ω_{sp}，振動の**減衰比**を ζ_{sp} と書くと，次のように表される．

$$\begin{cases} \omega_{sp}^2 = M_q \overline{Z}_\alpha - M_\alpha \\ 2\zeta_{sp}\omega_{sp} = -M_q - \overline{Z}_\alpha \end{cases}$$

問 3.3-3

縦短周期運動

大型旅客機の着陸アプローチ時の縦短周期運動の固有角振動数と減衰比を求めよ．ただし，空力微係数は次の値とする[26]．

$\overline{Z}_\alpha = -0.605(1/s), \quad M_\alpha = -0.530(1/s^2), \quad M_q = -0.522(1/s)$

上記式に代入すると次のようになる．

$$\begin{cases} \omega_{sp}^2 = M_q \overline{Z}_\alpha - M_\alpha = (-0.522) \times (-0.605) - (-0.530) = 0.846 \\ 2\zeta_{sp}\omega_{sp} = -M_q - \overline{Z}_\alpha = 0.522 + 0.605 = 1.127 \end{cases}$$

$$\therefore \omega_{sp} = 0.920 \text{ (rad/s)}, \quad \zeta_{sp} = 0.613$$

固有振動数 ω_{sp} は，設計基準の0.7以上であり良好である．また減衰比 ζ_{sp} は，設計基準の0.35以上であり良好である．

なお，振動周期 P は

$$P = \frac{2\pi}{\omega_{sp}\sqrt{1-\zeta_{sp}^2}} = 8.64 \ (\text{s})$$

となる．

3.3.3 速度変化による上下運動

> **問 3.3-4**
>
> **速度変化による上下運動**
> 　機体が x 軸方向の速度 u が変化した場合，揚力変化と抗力変化について説明せよ．

x 軸方向の速度 u が変化した場合，図 3.3-3 に示すように，次のような揚力変化と抗力変化が生じる．

揚力変化： $\dfrac{\partial (0.5\rho V^2 S C_L)}{\partial u} \cdot u = \rho V S C_L \cdot u$

抗力変化： $\dfrac{\partial (0.5\rho V^2 S C_D)}{\partial u} \cdot u = \rho V S C_D \cdot u$

したがって，x 軸方向の運動方程式は，ピッチ角変化による重力成分を $mg \sin\theta \fallingdotseq mg\,\theta$ として，次のように表される．

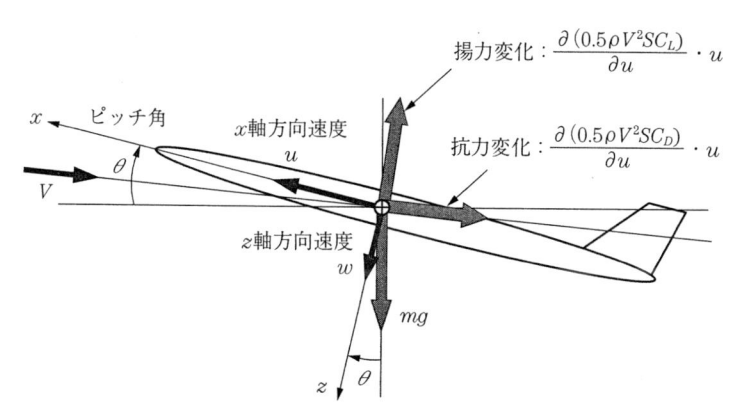

図 3.3-3　速度変化による上下運動

$$m\left(\frac{du}{dt}+qw\right)=-\rho VSC_D \cdot u - mg\theta$$

ここで，左辺の（ ）内の第2項は，x軸がピッチ角速度qで回転しているために表れる項であるが，qおよびwは両者とも大きくないとして省略できる．よって，上式は次のように表される．

$$\frac{du}{dt}=-\frac{\rho VSC_D}{m}\cdot u - g\theta$$

次に，z軸方向の運動方程式は，次のように表される．

$$m\left(\frac{dw}{dt}-qV\right)=-\rho VSC_L \cdot u$$

ここで，左辺の（ ）内の第2項は，z軸がピッチ角速度qで回転しているために表れる項である．ここで，$w/V \fallingdotseq \alpha$とすると次のように表される．

$$\frac{d\alpha}{dt}=-\frac{\rho SC_L}{m}\cdot u + q$$

さて，この速度変化による運動は縦短周期運動に比べてゆっくりした運動である．したがって，突風などにより迎角αが変化しても縦短周期運動は短時間で減衰してしまう．その後の迎角αは，パイロットが操縦桿を動かさない限りほとんど変化しないと考えてよい．そこで，上式の$d\alpha/dt$はほぼ0と考えると，次のような関係式が得られる．

$$q=\frac{d\theta}{dt}=\frac{\rho SC_L}{m}u$$

この式を上記du/dtの式を微分した式に代入すると，次の微分方程式が得られる．

$$\frac{d^2 u}{dt^2}+\frac{\rho VSC_D}{m}\cdot\frac{du}{dt}+\frac{\rho g SC_L}{m}u=0$$

この解は1つの振動運動となり，比較的周期が長いので**長周期運動**（または**フゴイドモード**）と言われる．この振動運動の固有角振動数をω_p，減衰比をζ_pと書くと，$m=0.5\rho V^2 SC_L/g$の関係式を用いて次のように表される．

$$\begin{cases} \omega_p = \sqrt{2}\,\dfrac{g}{V} \\ \zeta_p = \dfrac{1}{\sqrt{2}}\cdot\dfrac{C_D}{C_L} \end{cases}$$

問 3.3-5

長周期運動

大型旅客機の着陸アプローチ時の長周期運動の固有角振動数と減衰比を求めよ．ただし，空力微係数は次の値とする[26]．

$V=86.8$ (m/s),　　$C_L/C_D=11.0$

上記式に代入すると，次のようになる．

$$\therefore\ \omega_p = 0.160\,(\text{rad/s}),\quad \zeta_p = 0.064$$

減衰比 ζ_p は，設計基準の 0.04 以上であり良好である．なお，振動周期 P は

$$P = \frac{2\pi}{\omega_p\sqrt{1-\zeta_p^2}} = 39.3\ (\text{s})$$

となる．

長周期運動は周期の長い運動であるが，運動の様子を見てみよう．いま，$C_D=0$ の減衰のないものとすると，速度変化は次式である．

$$m\frac{du}{dt} + mg\theta = 0$$

一方，高度を h とすると，$dh/dt \fallingdotseq V\theta$ と近似できる．したがって次式が得られる．

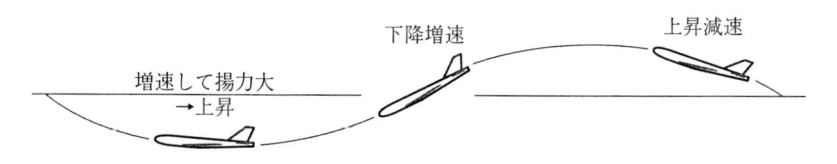

$$mV\frac{du}{dt} + mg\frac{dh}{dt} = 0,\quad \therefore\ \frac{1}{2}mV^2 + mgh = 一定$$

図 3.3-4　長周期運動の様子

すなわち，長周期運動は運動エネルギーと位置エネルギーの和が一定となる運動である．もし抗力があればその運動は次第に減衰することになる（図3.3-4）．

3.4　縦の操舵応答

3.4.1　エレベータ操舵による飛行経路角

飛行経路角γは，図3.4-1に示すように，ピッチ角θと迎角αとの差であり，速度Vの方向が水平面からどれくらいの角度であるかを示すものである．$\gamma>0$のとき**上昇角**，$\gamma<0$のとき**降下角**ともいう．

図3.4-2は，機体が空港に着陸アプローチをしている場合である．パイロットは操縦輪でエレベータ舵角を動かして迎角αを調節し，約3°の降下角γを保とうとする．

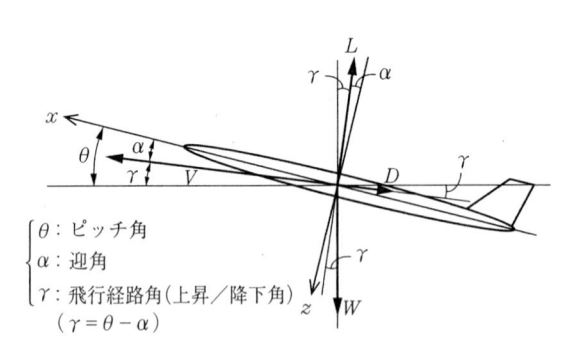

図3.4-1　飛行経路角

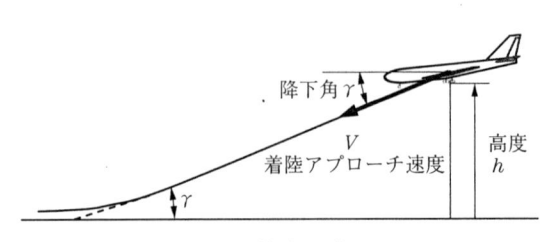

図3.4-2　着陸アプローチ

3.4 縦の操舵応答

問 3.4-1

エレベータ操舵に対する飛行経路角応答

速度 u，迎角 α，ピッチ角 θ，エレベータ舵角 δe が変化した場合，機体の x 軸方向および z 軸方向の力，また機首上げ回りのモーメントについて述べよ．

図 3.4-3 に，u, α, θ, δe が変化した場合に，機体の x 軸方向および z 軸方向の力，また機首上げ回りのモーメントを示す．

このときのエレベータ舵角 δe に対する飛行経路角（降下角）γ の応答について考えよう．エレベータ舵角 δe を動かすと，図 3.4-3 の機首上げモーメントを 0 とおいて，迎角 α が次のように表される．

$$\frac{\alpha}{\delta e} = -\frac{C_{m_{\delta e}}}{C_{m_\alpha}}$$

この式と z 軸方向の力を 0 と置いて次式が得られる．

$$\frac{u}{\delta e} = \frac{C_{m_{\delta e}}}{C_{m_\alpha}} \cdot \frac{V C_{L_\alpha}}{2 C_L}$$

この式と α の式を，x 軸方向の力を 0 と置いた式に代入し，$mg = 0.5 \rho V^2$

x 軸方向の力：$\boxed{-\rho V S C_D u + \frac{1}{2}\rho V^2 S(C_L - C_{D_\alpha})\alpha - mg\theta}$

z 軸方向の力：$\boxed{-\rho V S C_L u - \frac{1}{2}\rho V^2 S C_{L_\alpha}\alpha}$

機種上げモーメント：$\boxed{C_{m_\alpha}\alpha + C_{m_{\delta e}}\delta e}$

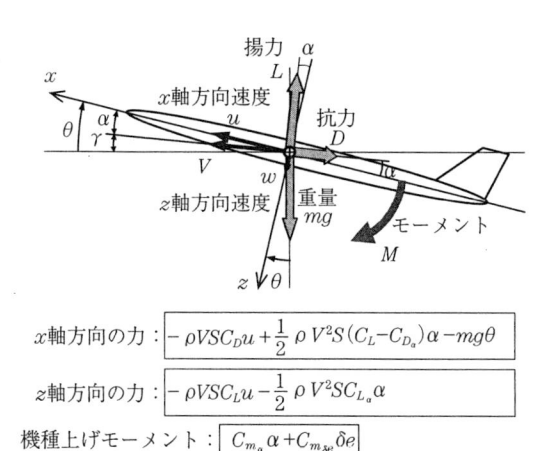

図 3.4-3　u, α, θ, δe 変化による釣り合い飛行状態

SC_L の関係式を用いると次式が得られる.

$$\frac{\theta}{\delta e} = -\frac{C_{m_{\delta e}}}{C_{m_\alpha}}\left(1 + \frac{C_D C_{L_\alpha}}{C_L^2} - \frac{C_{D_\alpha}}{C_L}\right)$$

したがって, δe に対する飛行経路角 $\gamma = \theta - \alpha$ が次のように得られる.

$$\frac{\gamma}{\delta e} = -\frac{V}{2g}\cdot\frac{C_{m_{\delta e}}}{C_{m_\alpha}}\cdot\frac{C_{L_\alpha}}{C_L}\cdot\frac{1}{T_h}$$

ここで, $1/T_h$ は次式

$$\frac{1}{T_h} = \frac{2g}{V}\left(\frac{C_D}{C_L} - \frac{C_{D_\alpha}}{C_{L_\alpha}}\right)$$

で表され, **バックサイドパラメータ**と言われる. 図 3.4-4 に示すように, $1/T_h > 0$ ならば $\gamma/\delta e < 0$ となり, この領域は**フロントサイド**と言われる. また, $1/T_h < 0$ ならば $\gamma/\delta e > 0$ となり, この領域は**バックサイド**と言われる.

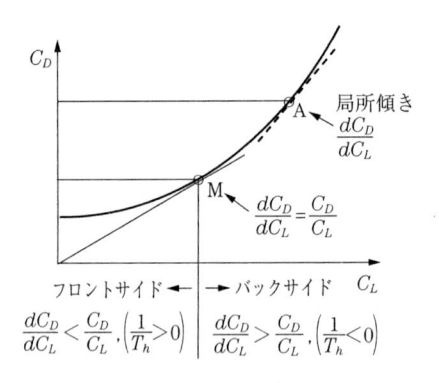

図 3.4-4 フロントサイドとバックサイド

問 3.4-2

バックサイドパラメータ

バックサイドパラメータ $1/T_h > 0$(フロントサイド)ならば $\gamma/\delta e < 0$, また $1/T_h < 0$(バックサイド)ならば $\gamma/\delta e > 0$ となるが, このときの飛行経路角 γ の操縦特性について述べよ.

フロントサイドでは, 操縦輪を引く($\delta e < 0$)と飛行経路角 γ が増加する通

常の操作となる．これに対して，バックサイドでは，操縦輪を引く（$\delta e<0$）と飛行経路角γが減少するので通常の操作とは逆になるため難しい操縦となる．このように，着陸アプローチのような精密な飛行経路角保持が必要な飛行では，バックサイドパラメータは重要な操縦性の指標の1つである．

着陸時には速度がなるべく低い方が操縦しやすいわけであるが，低い速度では大きな揚力係数C_Lが必要になる．そうするとバックサイド領域で飛行することになるが，設計基準では若干のバックサイド$1/T_h>-0.02$（1/s）が許容されている．

3.4.2 エレベータ操舵による姿勢制御

3.3節において，上下運動と回転運動の縦短周期運動について述べた．ここでは，回転運動方程式に，エレベータ舵角δeに対するモーメント空力微係数

$$M_{\delta e}=\frac{\overline{qS\bar{c}}}{I_y}C_{m_{\delta e}}$$

を加えた次の上下運動と回転運動の方程式について考察する．

$$\begin{cases}\dfrac{d\alpha}{dt}=\overline{Z}_\alpha\alpha+q\\\dfrac{dq}{dt}=M_\alpha\alpha+M_q q+M_{\delta e}\delta e\end{cases}$$

問 3.4-3

エレベータ操舵によるピッチ角速度

エレベータを操舵した場合の定常状態でのピッチ角速度は次式で与えられることを示せ．

$$\frac{q}{\delta e}=\frac{M_{\delta e}}{\omega_{sp}^2}\cdot\frac{1}{T_{\theta_2}},\quad\text{ただし，}\quad\frac{1}{T_{\theta_2}}=-\overline{Z}_\alpha=\frac{\rho VS}{2m}C_{L_\alpha}$$

また，$\omega_{sp}^2(=M_q\overline{Z}_\alpha-M_\alpha)$は3.3節で述べた縦短周期運動の固有角振動数である．

上記の上下運動と回転運動の方程式において，$d\alpha/dt=0$と置くと

$$q = -\overline{Z}_\alpha \alpha$$

となる．また，$dq/dt=0$ と置くと

$$\alpha = -\frac{M_q}{M_\alpha}q - \frac{M_{\delta e}}{M_\alpha}\delta e$$

となるので，上式に代入すると次式が得られる．

$$q = \frac{M_q \overline{Z}_\alpha}{M_\alpha}q + \frac{\overline{Z}_\alpha M_{\delta e}}{M_\alpha}\delta e, \qquad \therefore \ \frac{q}{\delta e} = \frac{\overline{Z}_\alpha M_{\delta e}}{M_\alpha - M_q \overline{Z}_\alpha} = \frac{M_{\delta e}}{\omega_{sp}^2} \cdot \frac{1}{T_{\theta_2}}$$

同様にして，迎角 α および**荷重倍数**（揚力の重量の倍率を表す）n の応答は次のようになる．

$$\frac{\alpha}{\delta e} = \frac{M_{\delta e}}{\omega_{sp}^2}, \qquad \frac{n}{\delta e} = \frac{V}{g} \cdot \frac{M_{\delta e}}{\omega_{sp}^2} \cdot \frac{1}{T_{\theta_2}}$$

これから，単位迎角当たりの荷重倍数増加 n/α（これは**加速感度**と言われる）が次式で得られる．

$$\frac{n}{\alpha} = \frac{V}{g} \cdot \frac{1}{T_{\theta_2}} = \frac{\rho V^2 S}{2mg} C_{L_\alpha} \quad \text{(G/rad)}$$

パイロットが操縦輪を引いてエレベータ舵角 δe を動かすと，ピッチ角速度 q が生じ，その結果として迎角 α が増加する．このとき，q に対する α の応答は，図 3.4-5 に示すように q をステップ的に変化させたと仮定すると，定常値の 63% に達するのに T_{θ_2} (s) 掛かる．このような応答は **1 次遅れ**と言われる．なお，q に対する荷重倍数 n の応答や，ピッチ角 θ に対する飛行経路角 γ の応答も同じく時定数 T_{θ_2} の 1 次遅れの応答である．

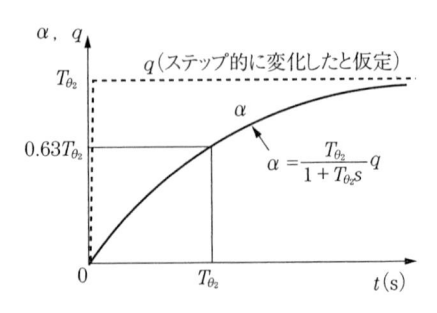

図 3.4-5　q の変化に対する α の応答の遅れ

3.4 縦の操舵応答

> **問 3.4-4**
>
> **ピッチ角速度に対する迎角の応答**
>
> ピッチ角速度 q に対する迎角 α の応答が次の1次遅れ形
>
> $$\alpha = \frac{T_{\theta_2}}{1+T_{\theta_2}s}q, \quad \text{ただし,} \quad \frac{1}{T_{\theta_2}} = -\overline{Z}_\alpha = \frac{\rho V S}{2m}C_{L_\alpha}$$
>
> で表されることを導出せよ．ここで，s はラプラス変換の演算子である．

上で述べた上下運動の方程式

$$\frac{d\alpha}{dt} = \overline{Z}_\alpha \alpha + q$$

をラプラス変換すると，α の時間微分は $s\alpha$ で表される．通常ラプラス変換した変数は大文字で書くが，ここでは簡単のためそのまま α を用いる．

$$s\alpha = \overline{Z}_\alpha \alpha + q, \quad \therefore \quad \alpha = \frac{1}{s-\overline{Z}_\alpha}q = \frac{1/(-\overline{Z}_\alpha)}{s/(-\overline{Z}_\alpha)+1}q = \frac{T_{\theta_2}}{1+T_{\theta_2}s}q$$

ここで，T_{θ_2} はこの1次遅れの時定数を表す．

このように α および n の応答は，q に対して時定数 T_{θ_2} の1次遅れとなるため，n/α の値が小さすぎる場合，n/α は $1/T_{\theta_2}$ に比例するから，T_{θ_2} が大きいことに対応して大きく遅れるため，パイロットはピッチ角速度 q が急速に立ち上がるように過敏に操縦しないと荷重倍数 n の応答が緩慢になってしまう．

一方，n/α の値が大きすぎる場合には，小さな迎角変化で大きな荷重倍数が生じるので，飛行経路角の制御が難しくなる．このように，n/α には適切な範囲があるので，設計基準でその範囲が規定されている[26]．

パイロットがエレベータを操舵した場合，初期に発生するピッチ角加速度 dq/dt の大きさは，回転運動の方程式から $M_{\delta e}$ で表される．パイロットが飛行経路角制御を行う場合には，この初期に発生するピッチ角加速度の大きさとその後に発生する荷重倍数 n の応答を予測しながら操縦しているという仮定から，その比である次式の **CAP**（**操縦予測パラメータ**）

$$CAP = \frac{M_{\delta e}}{n/\delta e} = \frac{\omega_{sp}^2}{n/\alpha}$$

を設計基準で離着陸時に0.16〜3.6の範囲がよいと規定している．この式のn/αの値については既に述べたので，ここではω_{sp}について述べる．ω_{sp}は3.3節で述べた縦短周期運動の固有角振動数であるが，無次元の係数で表してみると次のようになる．

$$\omega_{sp}^2 \fallingdotseq M_q \overline{Z}_\alpha - M_\alpha = \frac{\rho V^2 S \overline{c}}{2 I_y} C_{L\alpha}\left(-\frac{C_{m\alpha}}{C_{L\alpha}} - \frac{\rho S \overline{c}}{4 m} C_{m_q}\right)$$

ここで，$-C_{m\alpha}/C_{L\alpha}$は3.2節で述べた次式の静安定余裕である．

$$\frac{-C_{m\alpha}}{C_{L\alpha}} = \frac{x_{NP} - x_{CG}}{\overline{c}} \quad (静安定余裕)$$

（全機の空力中心位置x_{NP}, 重心位置x_{CG}, 平均空力翼弦$\overline{c}$）

いまx_{MP}を次式のように置く．

$$\frac{x_{MP}}{\overline{c}} = \frac{x_{NP}}{\overline{c}} - \frac{\rho S \overline{c}}{4 m} C_{m_q}$$

このとき，上記ω_{sp}^2は次のようになる．

$$\omega_{sp}^2 = \frac{\rho V^2 S \overline{c}}{2 I_y} C_{L\alpha} \frac{x_{MP} - x_{CG}}{\overline{c}}$$

この式の右辺のx_{MP}は**マニューバポイント**，また$(x_{MP} - x_{CG})/\overline{c}$は**マニューバマージン**と呼ばれる．したがって，この式とn/αの式をCAPの式に代入すると次式を得る．

$$CAP = \frac{W \overline{c}}{I_y} \cdot \frac{x_{MP} - x_{CG}}{\overline{c}} \quad (1/\text{s}^2)$$

離着陸時はCAPは0.16〜3.6の範囲がよいと規定されているから，マニューバマージンの値が次の範囲であることが必要との結果が得られる．

$$0.16 \frac{I_y}{W \overline{c}} < \frac{x_{MP} - x_{CG}}{\overline{c}} < 3.6 \frac{I_y}{W \overline{c}}$$

（マニューバポイントx_{MP}, 重心位置x_{CG}, 慣性モーメントI_y,

重量W, 平均空力翼弦$\overline{c}$）

ここで表される$I_y/(W\overline{c})$の値は，I_yが$W \cdot l_B^2$（ここでl_Bは胴体長さ）にほぼ比例することを用いると，$I_y/(W\overline{c})$は$l_B^2/\overline{c}$に比例した量となる．すなわち，

主翼の平均空力翼弦 $\bar{c}$ に対する胴体長さ l_B の2乗の値とピッチ角速度運動における安定性とは密接な関係があることを表している．

3.5 上反角効果

3.5.1 垂直尾翼による上反角効果

問 3.5-1

横滑り運動により機体に発生する力およびモーメント
　機体が横滑り運動している場合，機体にはどんな空気力およびモーメントが働くかについて述べよ．

図 3.5-1 に機体が右翼（y 軸）方向に速度 v の横滑り運動している場合を示す．このとき，機体から見ると右から速度 v の空気の流れがあると考えることができる．

図 3.5-1 から，速度 v の流れに対して垂直な面積を持つ空気力を発生する部分は，垂直尾翼と胴体である．この内，胴体については右横から流れを受けると，y 軸と反対方向に力を発生する．しかし，この力からは機体を回転させるモーメントは生じない．

これに対して，垂直尾翼が右横から流れを受けると，胴体の上側にある垂直尾翼が y 軸と反対方向に力を受けるので，x 軸回りに反時計回りに回転するモーメントを生じる．その結果，機体の左翼が下がる方向にロールする．この

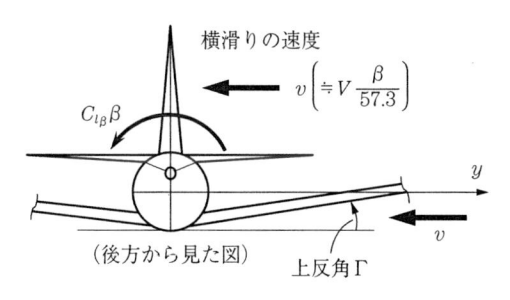

図 3.5-1　横滑り運動

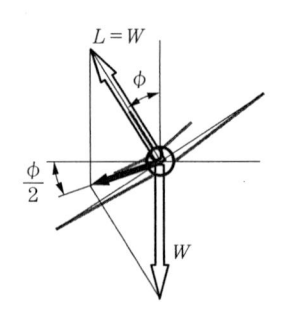

図 3.5-2　ロール時の横滑り運動

場合，図 3.5-2 に示すように，角度 φ だけ傾いたときには，揚力 L と重量 W との合力が水平から φ/2 だけ傾いた左翼方向のベクトルとして発生する．その結果，いままで右に滑っていた機体はその左翼方向の力が右横滑り運動を止めるように働く．このように右横滑り運動している機体が，反時計回りにロールして自然に横滑り運動を止めるようになっている性質を**上反角効果**という．

問 3.5-2

揚力 L が傾いた場合の重力との合力方向

機体が φ だけ傾いたとき，揚力ベクトル L と重量ベクトル W との合力ベクトルは，水平から φ/2 だけ傾くことを示せ．

図 3.5-3 に示すように，揚力ベクトル L が φ だけ傾いたとき，重量ベクトル W とベクトル L で平行四辺形 $OABC$ を作ると，この半分の OAB は二等辺三角形となる．このとき，角度 $\angle OAB$ は φ であるから，角度 $\angle ABO$ は角度 $\angle AOB$ に等しく $(\pi - \phi)/2$ である．

一方，角度 $\angle AOD$ は $(\pi/2 - \phi)$ であるから，角度 $\angle BOD$ は角度 $\angle AOB$ から角度 $\angle AOD$ を引いたものであるから次のようになる．

$$\text{角度}\angle BOD = \frac{\pi - \phi}{2} - \left(\frac{\pi}{2} - \phi\right) = \frac{\phi}{2}$$

すなわち，揚力ベクトル L と重量ベクトル W との合力ベクトルは，水平から φ/2 だけ傾く．

横滑りの速度 v に対応する横滑り角を β とすると，$\beta = 1°$ 当たりの上反角

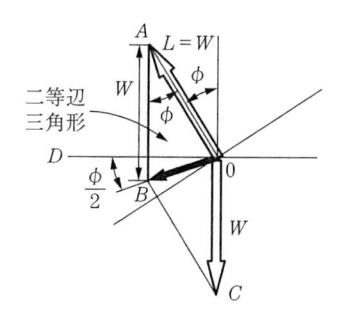

図 3.5–3　合力ベクトルが $\phi/2$ 傾く説明図

効果（モーメント係数）を C_{l_β} で表す．このとき，横滑り角 β のときの上反角効果のモーメントは $C_{l_\beta}\beta$ となる．

3.5.2　主翼の上反角による上反角効果

問 3.5–3

主翼が上側に反っている場合

　機体を前から見て，主翼が上側に反っている場合，上反角効果を発生することを説明せよ．

　横から速度 v の流れを受けたときに，空気力を発生するのは垂直尾翼と胴体だけではない．主翼も重要な働きをする．図 3.5-1 に示した主翼は，その翼幅方向が y 軸に対して角度 Γ だけ上に反っている．その角度 Γ は**上反角**と言われる．その呼び名のとおりこの主翼は上反角効果を発生する．図 3.5-1 に示すように，右からの流れがあると，右翼が上側に反っていることから，反時計回りにモーメントを発生する．この現象は，例えば，うちわを上側に角度を付けて持ち，前に進むとそのうちわを更に上に回転させるようなモーメントが発生するのと同じである．左翼についても同様に，反時計回りのモーメントを発生する．

3.5.3 後退角による上反角効果

問 3.5-4

後退翼による上反角効果
主翼が後退角を持つ場合にも上反角効果を有することを説明せよ．

図 3.5-4 は，後退翼が横滑り運動している場合である．横滑り角を β とすると，速度 V の $c/4$ 線への垂直成分が揚力に有効に効くとして，中心から距離 y にある右翼素（面積 dS）および左翼素に働く揚力による x 軸時計方向の回転モーメントは，それぞれ次のように表される．

$$-\frac{1}{2}\rho V^2 \cos^2(\Lambda-\beta)\cdot dS \cdot C_L \cdot y, \qquad \frac{1}{2}\rho V^2 \cos^2(\Lambda+\beta)\cdot dS \cdot C_L \cdot y$$

したがって，合計の x 軸回りの回転モーメントは，次のようになる．

$$-\frac{1}{2}\rho V^2 \{\cos^2(\Lambda-\beta)-\cos^2(\Lambda+\beta)\}dS\cdot C_L\cdot y \fallingdotseq -\rho V^2\beta\sin 2\Lambda\cdot dS\cdot C_L\cdot y$$

ただし，横滑り角 β は大きくないと仮定している．ここで，$0.5\rho V^2 Sb$ で無次元化した x 軸回りの回転モーメント係数 C_{l_β}（上反角効果）は

$$C_{l_\beta} \propto C_L \sin 2\Lambda, \quad \text{（揚力係数 } C_L, \text{ 後退翼 } \Lambda\text{）}$$

と表される．すなわち，後退角による上反角効果は C_L および $\sin 2\Lambda$ に比例する．

なお，実際に後退角による上反角効果 C_{l_β} を見積もるには，上記のように簡単ではない．アスペクト比や翼と胴体との関係によっても影響を受ける．ここ

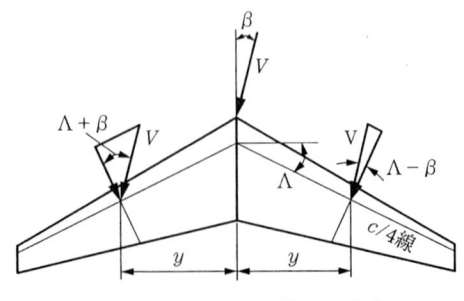

図 3.5-4 後退翼の横滑り運動

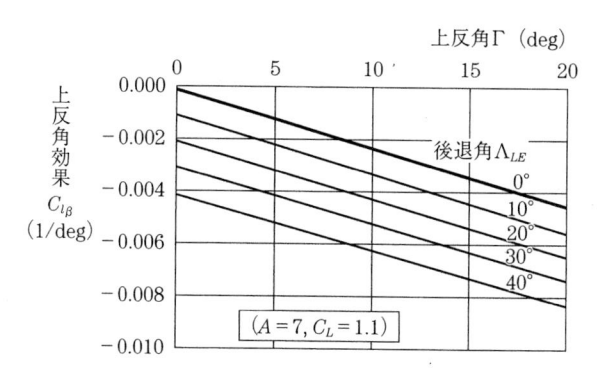

図 3.5-5　後退角と上反角

では，C_{l_β} を比較的精度よく推算できる DATCOM 法[12)]を用いて，後退角 Λ による上反角効果が，実際の上反角 Γ のどれくらいの角度に相当するかを見てみよう．**図 3.5-5** は，アスペクト比 $A=7$ の機体が揚力係数 $C_L=1.1$ のとき，前縁後退角 Λ_{LE} と上反角 Γ の値に対して上反角効果 C_{l_β} を計算したものである．

図 3.5-5 から，同じ上反角効果が次のように得られる．

　　　後退角 $\Lambda_{LE}=30°$，（上反角 $\Gamma=0$）＝（後退角 $\Lambda_{LE}=0$），上反角 $\Gamma=13°$

　　　後退角 $\Lambda_{LE}=40°$，（上反角 $\Gamma=0$）＝（後退角 $\Lambda_{LE}=0$），上反角 $\Gamma=18°$

この結果からわかるように，後退角による上反角効果は非常に大きなものであることがわかる．しかも後退角による上反角効果は C_L に比例するので，失速付近の大きな C_L では上反角効果が過大になる．このような場合，少しの横滑り運動でも大きなロール運動が誘起されるので，垂直尾翼による方向安定を十分確保しておくことが必要である．なお，失速付近で上反角効果が大きくなることの利点もある．失速付近ではエルロンの効きが弱くなるが，上反角効果が大きくなるので，方向舵（パイロットの足による操縦）操作によって横滑りさせることによりロール運動を発生させることができる．

3.5.4　胴体と主翼取付け位置による上反角効果

胴体と主翼の取付け位置も上反角効果に影響する．**図 3.5-6** は，胴体の下側に主翼がある場合には，右横滑り運動時の流れは右翼を下げるように働くこと

を示している．上反角効果の定義は，右横滑り運動のときに左翼が下がる場合を上反角効果が正と言い，このとき C_{l_β} は負の値である．したがって，胴体の下側に主翼が付いている場合は，上反角効果は負で $C_{l_\beta} > 0$ である．

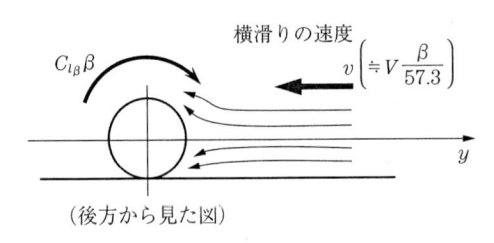

図 3.5-6　低翼機の横滑り運動時の流れ

問 3.5-5

低翼機の上反角効果

図 3.5-6 のような低翼機では上反角効果が負となるが，これは飛行機にとっては大きな利点となる．それは何か説明せよ．

低翼機では図 3.5-6 に示したように，負の上反角効果が発生する．したがって，上反角効果を正にするために，前方から見た主翼の角度を上側に上反角 Γ を付けることが行われる．主翼が上側に反っていることは，図 3.5-7 に示すように，翼下に取り付けられるエンジンの地上とのクリアランス確保に大きな利点となっている．

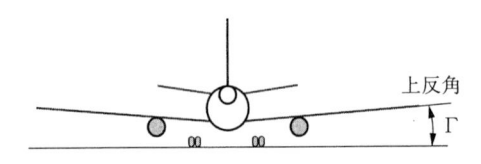

図 3.5-7　低翼機の上反角の利点

3.5.5　上反角効果のまとめ

種々の上反角効果について述べたが，ここでまとめると次のようになる．

①垂直尾翼による上反角効果　　　　　　→正 C_{l_β} : <0

②主翼の上反角による上反角効果 →正 C_{l_β}：<0
③後退角による上反角効果 →正 C_{l_β}：<0
④胴体下側に主翼がある場合の上反角効果 →負 C_{l_β}：>0

この機体に横滑り角 β が発生した場合に，上反角効果のモーメントによる x 軸回りの回転運動方程式は次のように表される．

$$I_x \frac{dp}{dt} = \frac{1}{2}\rho V^2 S b C_{l_\beta} \beta$$

なお，この回転運動方程式は

$$\frac{dp}{dt} = L_\beta \beta, \quad ただし，L_\beta = \frac{\rho V^2 S b}{2 I_x} C_{l_\beta}$$

のように簡単に表して用いられる．L_β は有次元空力微係数である．この運動方程式を用いると，横滑り運動時の x 軸回りの回転運動が解析できる．

3.6 方向安定

3.6.1 垂直尾翼による方向安定

問 3.6-1

垂直尾翼による方向安定の影響パラメータ

機体が横滑りした場合，垂直尾翼がその横滑り運動を減少するように働くが，垂直尾翼のどのような諸元が方向安定に寄与するか述べよ．

図 3.6-1 は，機体が横滑りしている場合に垂直尾翼に働く力を示している．この力は横滑り運動を減少するように働くが，次のような要素から成る．

k_V：胴体直径と垂直尾翼の翼幅との比率による係数

$(C_{L_\alpha})_V$：垂直尾翼の揚力傾斜で，垂直尾翼の先細比，アスペクト比，後退角，断面揚力傾斜，水平尾翼の位置などに影響される

$\left(1 + \frac{\partial \sigma}{\partial \beta}\right)\frac{\bar{q}_V}{\bar{q}}$：横滑り角 β による横流れの係数で，主翼のアスペクト比，後退角，主翼の胴体取付け位置，主翼面積と垂直尾翼面積比などに影響される．

第3章 安定性・操縦性

これらの要素により，横滑り角 $\beta = 1°$ 当たりの垂直尾翼に働く力が図3.6-1のように得られる．

垂直尾翼に働く力
$$(C_{y_\beta})_V = -k_V (C_{L_\alpha})_V \cdot \left(1 + \frac{\partial \sigma}{\partial \beta}\right) \frac{\bar{q}_V}{\bar{q}} \cdot \frac{S_V}{S}$$

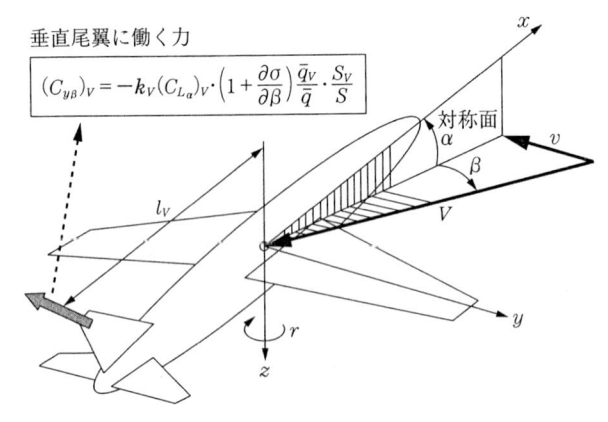

図 3.6-1 垂直尾翼に働く力

この横滑りによる垂直尾翼に働く力 $(C_{y_\beta})_V$ に重心までの距離 l_V を掛けると，垂直尾翼よる方向安定が次式で得られる．

$$(C_{n_\beta})_V = -(C_{y_\beta})_V \cdot \frac{l_V}{b}$$

（垂直尾翼に働く力 $(C_{y_\beta})_V$，重心から垂直尾翼までの距離 l_V，

主翼翼幅 b）

なお，ここで用いた $(C_{y_\beta})_V$ は，横滑り角 β による y 軸方向の力の成分 C_{y_β} の垂直尾翼による寄与分である．機体全体の C_{y_β} にはこの他に主翼と胴体分による力も関係するが，主翼は y 軸方向の力はほとんど発生しないので，結局 C_{y_β} は垂直尾翼と胴体が大半を占める．胴体分は垂直尾翼分の1/4程度であるのでここでは省略する．

このように C_{y_β} が得られると，β による y 軸方向の運動方程式は

$$m \frac{dv}{dt} = \frac{1}{2} \rho V^2 S C_{y_\beta} \beta$$

と表される．この運動方程式は mV で割って

$$\frac{d\beta}{dt} = \overline{Y}_\beta \beta, \quad \text{ただし、} \beta = \frac{v}{V}, \quad \overline{Y}_\beta = \frac{\rho V S}{2m} C_{y\beta}$$

のように簡単に表して用いられる．$\overline{Y}_\beta$ は有次元空力微係数である．この運動方程式を用いると，横滑り運動時の y 軸方向の運動が解析できる．

3.6.2 主翼・胴体による方向安定

主翼は方向安定にはほとんど寄与しない．大半は重心よりも前にある胴体が作り出す不安定モーメントである．これらは次のような要素から成る．

K_N：胴体側面積分布による係数で，胴体長さ，機首と重心の距離，胴体最大幅，胴体最大上下幅，胴体側面積などに影響される

K_{Rl}：胴体レイノルズ数による係数

S_{Bs}：胴体側面積

l_B ：胴体長さ

これらの要素により，横滑り角 $\beta = 1°$ 当たりの主翼・胴体による方向安定 $(C_{n\beta})_{WB}$ が次のように得られる．

$$(C_{n\beta})_{WB} = -K_N K_{Rl} \frac{S_{Bs}}{S} \cdot \frac{l_B}{b}$$

3.6.3 全機の方向安定

全機の方向安定は，垂直尾翼による影響と主翼・胴体の影響とを加えて，次のように与えられる．

$$C_{n\beta} = (C_{n\beta})_{WB} + (C_{n\beta})_V$$

この方向安定を表す空力微係数 $C_{n\beta}$ が正の値のとき，横滑りが生じた機体は自然と元に戻る特性を持つ．

機体に横滑り角 β が発生した場合に，方向安定のモーメントによる z 軸回りの回転運動方程式は次のように表される．

$$I_z \frac{dr}{dt} = \frac{1}{2} \rho V^2 S b C_{n\beta} \beta$$

なお，この回転運動方程式は

第 3 章　安定性・操縦性

$$\frac{dr}{dt} = N_\beta \beta, \quad ただし, \ N_\beta = \frac{\rho V^2 Sb}{2 I_z} C_{n_\beta}$$

のように簡単に表して用いられる．N_β は有次元空力微係数である．この運動方程式を用いると，横滑り運動時の z 軸回りの回転運動が解析できる．

3.7 横・方向の動安定

3.7.1　ロールダンピング空力微係数

問 3.7-1

ロール運動の減衰特性

　機体にロール運動が発生した場合に，その運動を速く減衰させるにはどのような力またはモーメントを発生させる必要があるかを述べよ．

　図 3.7-1 は，機体がロール角速度 p で回転運動した場合に，主翼に回転を阻止する力が発生することを示している．この力は，翼幅，翼面積，後退角，断面の揚力傾斜などに影響される．

　この力による x 軸回りのモーメントを用いて回転運動方程式を作ると次の

$$\frac{dp}{dt} = \frac{\rho V S b^2}{4 I_x} C_{l_p} p$$

（C_{l_p} はローリング運動を抑えるロールダンピング空力微係数）

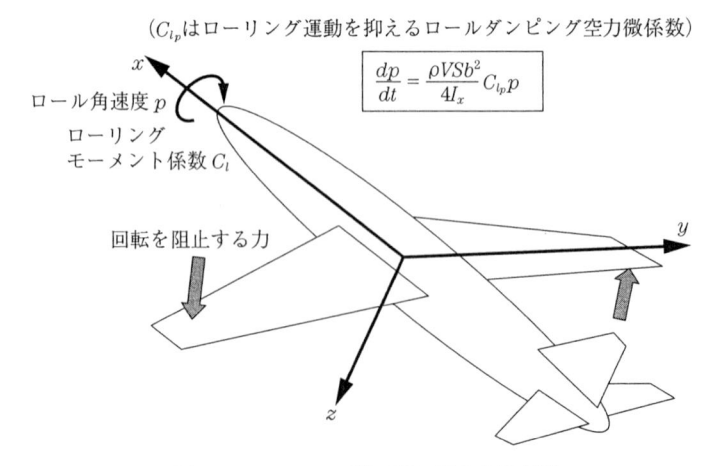

図 3.7-1　ロールダンピング空力微係数

ようになる．

$$I_x \frac{dp}{dt} = \frac{1}{2} \rho V^2 S b C_{l_p} \frac{bp}{2V}$$

　この式の右辺の C_{l_p} は**ロールダンピング空力微係数**と言われる．C_{l_p} は負の値であるのでロール運動を減衰させるように働く．一方，C_{l_p} はロール運動を安定に実現するために重要な役割を演じる微係数である．この C_{l_p} の値が適切でないと，パイロットによる操縦に，ロール運動が過大で応答が遅くなったり，また運動が小さくて応答が速すぎたりする．なお，上記回転運動方程式は

$$\frac{dp}{dt} = L_p p, \quad \text{ただし，} \quad L_p = \frac{\rho V S b^2}{4 I_x} C_{l_p}$$

のように簡単に表して用いられる．L_p は有次元空力微係数である．この運動方程式を用いると，x 軸回りの回転運動が解析できる．

3.7.2　ヨーダンピング空力微係数

問 3.7–2

ヨー運動の減衰特性
　機体にヨー運動（機首を左右に振る運動）が発生した場合に，その運動を速く減衰させるにはどのような力またはモーメントを発生させる必要があるかを述べよ．

　図 3.7–2 は，機体がヨー角速度 r で回転運動した場合に，垂直尾翼などに回転を阻止する力が発生することを示している．

　r によって垂直尾翼は左側に $l_v \cdot r$ の速度が生じる．この速度を機速 V で割った $l_v \cdot r / V$ は，垂直尾翼位置での局所迎角となる．したがって，この局所迎角が作る力に重心からの距離 l_v を掛けると，重心回りのモーメントになるが，このモーメントは回転を抑えるように働く．このとき，回転運動方程式を作ると次のように表される．

$$I_z \frac{dr}{dt} = \frac{1}{2} \rho V^2 S (C_{y_\beta})_V \frac{l_v^2 r}{V}$$

第 3 章 安定性・操縦性

(C_{n_r}はヨー運動を抑えるヨーダンピング空力微係数)

$$\frac{dr}{dt} = \frac{\rho V S b^2}{4 I_z} C_{n_r} r$$

ヨー角速度 r
ヨーイングモーメント係数 C_n
回転を阻止する力

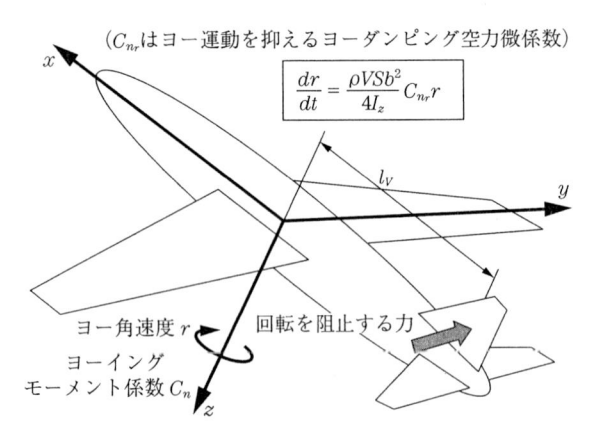

図 3.7–2 ヨーダンピング空力微係数

ここで，右辺の $(C_{y_\beta})_V$ は 3.6 節に述べた横滑りによる垂直尾翼に発生する力である．いま，この式の右辺のモーメントを次式

$$\frac{1}{2} \rho V^2 S b \, (C_{n_r})_V \frac{br}{2V}$$

で表したとき，次の空力微係数が定義できる．

$$(C_{n_r})_V = 2 \left(\frac{l_V}{b} \right)^2 (C_{y_\beta})_V$$

これは，**ヨーダンピング空力微係数**と言われる．

主翼もヨーダンピングに寄与する．これを $(C_{n_r})_W$ と書くと，$(C_{n_r})_W$ は誘導抗力による影響と有害抗力による影響がある．機体全体のヨーダンピング空力微係数は両者を加えた次式で求められる．

$$C_{n_r} = (C_{n_r})_V + (C_{n_r})_W$$

C_{n_r} は負の値であるので，ヨー運動を抑えるように働く．

なお，回転運動方程式は

$$\frac{dr}{dt} = N_r r, \quad \text{ただし}, \quad N_r = \frac{\rho V S b^2}{4 I_z} C_{n_r}$$

のように簡単に表して用いられる．N_r は有次元空力微係数である．この運動方程式を用いると，z 軸回りの回転運動が解析できる．

3.7.3 ダッチロール運動

> **問 3.7-3**
>
> **ロール運動とヨー運動の連成運動**
> 機体が横滑りすると，ロール運動とヨー運動が誘起され，ロールとヨーの連成したダッチロールと呼ばれる振動運動となることを説明せよ．

図 3.7-3 は，機体が横滑りすると，ロール運動とヨー運動が誘起されることを示している．機体に横滑り角 β が発生すると，上反角効果 C_{l_β}（3.5 節）により x 軸回りに $L_\beta \beta$ のモーメントが生じる．その結果，ロール角速度 p が時定数 $T_p = 1/(-L_p)$ の 1 次遅れ応答で発生する．右横滑りに対しては反時計回りに回転する．また，同じく横滑り角 β が発生すると，方向安定 C_{n_β}（3.6 節）により z 軸回りに $N_\beta \beta$ のモーメントが生じる．その結果，ヨー角速度 r が時定数 $T_r = 1/(-N_r)$ の 1 次遅れ応答で発生する．右横滑りに対しては機首を右に振るように回転する．

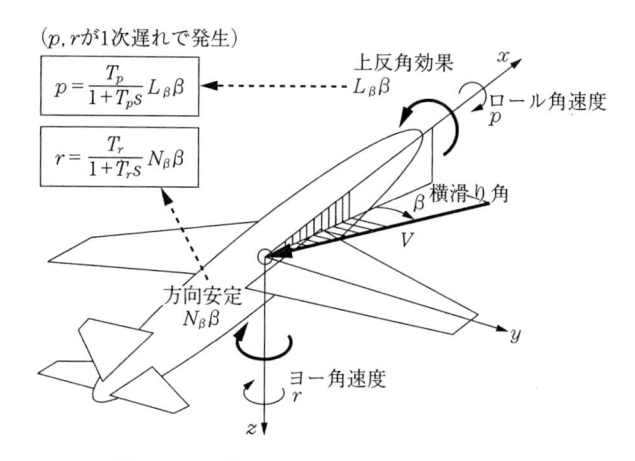

図 3.7-3 横滑りによるロール／ヨー運動

このようにロール運動とヨー運動が発生すると，これによって，今度は横滑り角が図 3.7-4 に示すように発生する．まず，ヨー角速度 r（機首右振り）により，時定数 T_β の 1 次遅れで横滑り角 β が負の方向（左横滑り）に発生する．

$$\beta = \frac{T_\beta}{1+T_\beta s}\left(-r + \frac{g}{V}\phi\right)$$

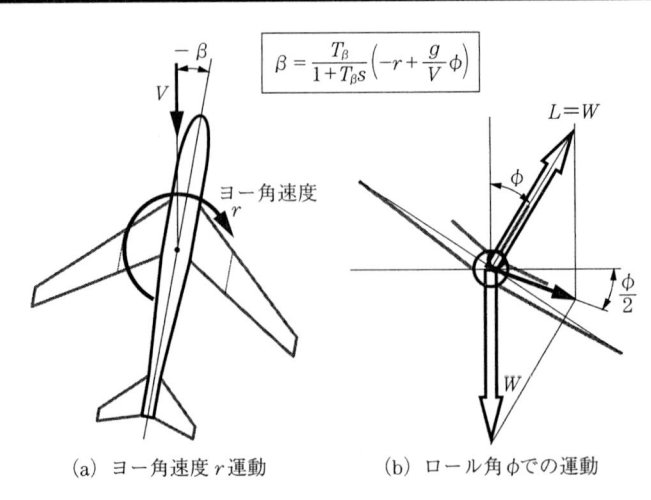

(a) ヨー角速度 r 運動　　(b) ロール角 ϕ での運動

図 3.7-4　ヨー運動とロールによる横滑り運動

また，ロール角 ϕ（時計回り方向）により，同じく時定数 $T_\beta = 1/(-\overline{Y}_\beta)$ の 1 次遅れで横滑り角 β が正の方向（右横滑り）に発生する．

一般的にダッチロールの振動は，減衰が弱いために，運動がオーバーシュートしながら振動が続く．このダッチロール運動は上記述べたように，横滑り運動，ロール運動およびヨー運動が連成した複雑な運動である．その運動の流れを図示すると**図 3.7-5** のようになる．

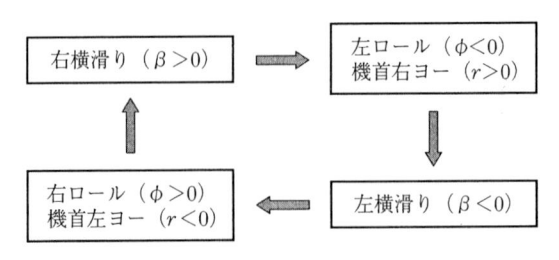

右横滑り（$\beta > 0$）→ 左ロール（$\phi < 0$）機首右ヨー（$r > 0$）↓ 左横滑り（$\beta < 0$）→ 右ロール（$\phi > 0$）機首左ヨー（$r < 0$）↑

図 3.7-5　ダッチロール運動の流れ

以上述べたダッチロール運動の説明には，空力微係数の $C_{y\beta}$，$C_{l\beta}$，$C_{n\beta}$，C_{lp}，C_{nr} が用いられた．実際にはこれらの他に，カップリング項と呼ばれる C_{lr} および C_{np} があるがここでは省略した．

ダッチロール運動が具体的にどのように振動するのかを見てみよう．ここで

は，ロール運動は小さいとして，横滑り運動とヨー運動のみを考えると，図3.7-4から横滑り角βがヨー角速度rとロール角ϕの1次遅れで表される．すなわち次式である．

$$\beta = \frac{T_\beta}{1+T_\beta s}\left(-r + \frac{g}{V}\phi\right)$$

一方，図3.7-3からrはβの1次遅れで表される．すなわち次式である．

$$r = \frac{T_r}{1+T_r s} N_\beta \beta$$

この2つを組み合わせると，次のような2次遅れで表される．

$$\beta = \frac{s-N_r}{s^2+(\overline{Y}_\beta+N_r)s+(N_\beta+\overline{Y}_\beta N_r)} \cdot \frac{g}{V}\phi$$

この振動運動の固有角振動数をω_{nd}，振動の減衰比をζ_dと書くと，次のように表される．

$$\begin{cases} \omega_{nd}^2 = N_\beta + \overline{Y}_\beta N_r \\ 2\zeta_d \omega_{nd} = -\overline{Y}_\beta - N_r \end{cases}$$

問 3.7-4

ロール運動とヨー運動の連成運動

大型旅客機の着陸アプローチ時のダッチロール運動の固有角振動数と減衰率を求めよ．ただし，空力微係数は次の値とする[26]．

$\overline{Y}_\beta = -0.0980$ (1/s)， $N_\beta = 0.315$ (1/s²)， $N_r = -0.233$ (1/s)

上記式に代入すると次のようになる．

$$\begin{cases} \omega_{nd}^2 = N_\beta + \overline{Y}_\beta N_r = 0.315 + (-0.0980)\times(-0.233) = 0.338 \\ 2\zeta_d \omega_{nd} = -\overline{Y}_\beta - N_r = 0.098 + 0.233 = 0.331 \end{cases}$$

$$\therefore \quad \omega_{nd} = 0.581 \text{ (rad/s)}, \quad \zeta_d = 0.285$$

固有振動数ω_{nd}は，設計基準の0.4以上であり良好である．また減衰比ζ_dは，設計基準の0.08以上であり良好である．なお，振動周期Pは

$$P = \frac{2\pi}{\omega_{nd}\sqrt{1-\zeta_d^2}} = 11.3 \text{ (s)}$$

となる．ただし，この近似では減衰比 ζ_d が厳密解よりもやや大きくなるので注意が必要である．

3.7.4 ロール運動

問 3.7-5

パイロットによるロール操縦
　横・方向の操縦特性において，パイロットの最大関心事は，ロール運動のみが意図通り実現し，ダッチロール振動が発生しないことである．このような理想的なロール運動はどのような場合に達成されるのかについて述べよ．

いま，エルロンの効きの有次元空力微係数を L_{δ_a} とすると，ロール角速度 p は上反角効果 L_β，ロールダンピング L_p，カップリング項 L_r，ロールの効き L_{δ_a} の各項の1次遅れで表される．

$$p = \frac{T_p}{1+T_p s}(L_\beta \beta + L_r r + L_{\delta_a} \delta a), \quad \text{ただし，} \quad T_p = \frac{1}{-L_p}$$

もし横滑り角 β およびヨー角速度 r が生じないようにできればエルロン操舵によるロール運動は，ロール効きに対してロール運動のみを生じ，振動なしの良好な応答特性となる．そのためには，カップリング項 L_r を極力小さくし，横滑り角 β の発生を抑えるために方向安定を強めておく必要がある．

実際の値で確認してみよう．大型旅客機の着陸アプローチでは，次のような値である[26]．

　　$L_p = -1.124$ (1/s), ∴ $T_p = 0.890$ (s)

T_p の値は設計基準の 1.4 (s) 以下であり良好である．

3.7.5 スパイラル運動

問 3.7-6

スパイラル運動の安定性
スパイラル運動が安定とはどのようなことをいうのか,またその安定条件について述べよ.

機体がロール角ϕを確立したときに,横の操舵を中立に戻した後,そのロール角が0に戻ればスパイラルは安定,ロール角が深くなれば不安定である.ここではその安定,不安定の条件について考えてみる.

ロール角速度およびヨー角速度の定常状態は次のように表される.

$$\begin{cases} L_p p + L_r r = -L_\beta \beta \\ N_p p + N_r r = -N_\beta \beta \end{cases}$$

これから,ロール角速度が次のように与えられる.

$$p = -\frac{-L_\beta + (L_r/N_r)N_\beta}{-L_p + (L_r/N_r)N_p}\beta$$

実際の値で確認してみよう.大型旅客機の着陸アプローチでは,次のような値である[26].

$L_\beta = -1.580\ (1/s^2),\ N_\beta = 0.315\ (1/s^2),\ L_p = -1.124\ (1/s),$
$N_p = -0.1172\ (1/s),\ L_r = 0.237\ (1/s),\ N_r = -0.233\ (1/s)$

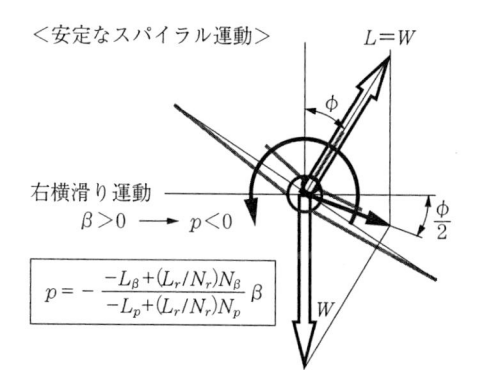

図 3.7-6 スパイラル運動

このとき，ロール角速度は

$$p = -1.01\beta \quad (\text{deg/s})$$

となり，スパイラル運動は安定である．

　ロール角ϕが正のときは，右横滑り運動が生じてがβ正となる．このとき，上反角効果が方向安定の効果よりも大きいと，ロール角を0に戻そうとするモーメントが働き（pが負），スパイラル運動は安定となる．もし方向安定の効果が大きくなると，よりロール角を深める方向になり，スパイラル運動は不安定となる．特に，揚力係数C_Lが大きくなるとC_{l_r}の値が大きくなるので，低速時にはスパイラル運動は不安定となりやすい．

　スパイラル運動を安定側にするには，$|C_{l_\beta}|$を大きくしてC_{n_β}を小さくするのがよいが，ダッチロール運動の特性を悪くする可能性があり，スパイラル運動としては若干の不安定を許容している．設計基準では，ロール角が2倍になるまでの時間が12秒以上の不安定であれば許容されている．

第4章 飛行性能

旅客機の基本的な飛行状態は離陸，巡航および着陸である．この中で飛行の大部分を占める巡航飛行は，最も効率良い飛び方を工夫する必要がある．次に，飛行機の形を決める要素として，離陸性能は大きな位置を占める．旅客機が大推力のエンジンを装備しているのは離陸のためである．また，大きな水平尾翼とエレベータは速度の低い離陸速度で機首を上げるためである．着陸は，パイロットにとって最も緊張する時間である．特に天候が悪化したときには難しい操縦を強いられる．滑走路の決まった位置に接地する必要があるため機体速度は低い方がよいが，速度が低いと飛行特性が悪くなる傾向がある．このように着陸性能と機体形状パラメータは密接な関係がある．本章では，これら飛行機に要求される飛行性能の基本事項ついて述べる．

4.1 航続距離を長くする巡航飛行方法

巡航飛行の条件は，図4.1-1に示すように，揚力は重量に等しく，またエンジン推力は抗力に等しい飛行状態である．

抗力を最小とする飛行方法，すなわちエンジン推力最小の飛行方法は，2.17節で揚力係数 $C_{L_1} = \sqrt{C_{D_0}/k}$ に対応する速度 $V_{巡航1}$ で飛行すればよいことを述べた．このとき揚抗比が最大 $(C_L/C_D)_{max} = 1/(2\sqrt{kC_{D_0}})$ となる．しかし，実はこの方法は航続距離を最大にする方法ではない．

第4章　飛行性能

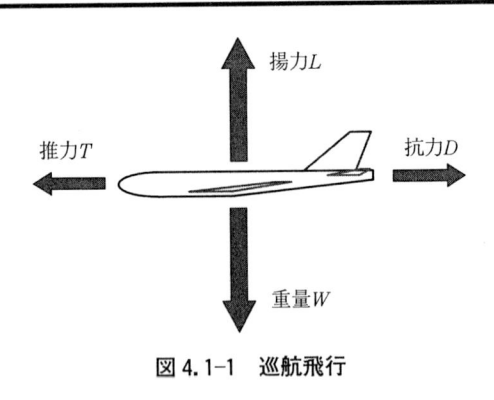

図 4.1-1　巡航飛行

問 4.1-1

航続距離最大の条件

抗力最小で飛行するとエンジン推力が最小となるため，航続距離も大きくなると思われるが，これは航続距離最大の条件ではない．航続距離を最大にする条件について述べよ．

航続距離を最大にするには，時間の要素を考慮に入れる必要がある．具体的には飛行速度を高くすることで，抗力が多少増えても同じ燃料で遠くまで飛ぶことができる．

航続距離 R を具体的に求めてみよう．まず，燃料1 (kgf) で飛行できる距離 $S.R.$ (**specific range**) について考える．ここで用いる kgf という単位は"キログラム重"と言い，人間の重さを測る際に質量 50 kg の人の体重を 50 キログラムというときに用いる工学単位である．特に，コックピットで用いる単位は安全の観点から，SI単位ではなく従来から用いている速度 kt，高度 ft，距離 nm（海里），重さ lb（ポンド）などの工学単位をそのまま用いている．ただし，設計解析においては重さ kgf，距離 km，速度 m/s なども用いられる．

さて，$S.R.$ を考えるには，まずエンジンの燃費の値が必要である．燃費は b_J の記号で表すが，これはエンジン推力を 1 (kgf) 出しながら 1 (時間) 作動させたときに消費する燃料 (kgf) である．このとき，次のような関係で燃料1 (kgf) で飛行できる距離 $S.R.$ が求まる．

4.1 航続距離を長くする巡航飛行方法

> エンジンの燃費：b_J（燃料 kgf/推力 1 kgf/1 時間）
> ⇒ 燃料 1（kgf）で推力 T（kgf）を出せる時間は
>
> $$\frac{1}{b_J T} \quad （時間/燃料 1 kgf）$$
>
> ⇒ 機体速度 V（m/s），燃料 1（kgf）で飛行できる距離は
>
> $$S.R. = 3.6 \frac{V}{b_J T} \quad （km/燃料 1 kgf）$$

ここで，推力が $T = WC_D/C_L$ と表されたことを利用すると，燃料 1（kgf）で飛行できる距離 $S.R.$ は次のように表される．

$$S.R. = 3.6 \frac{V}{b_J} \cdot \frac{C_L}{C_D} \cdot \frac{1}{W} \quad （km/燃料 kgf）$$

いま巡航の飛行方法として，**揚力係数 C_L および機体速度 V 一定の場合**を考えよう．また，簡単のため，燃費 b_J についても一定とする．巡航開始時の重量を W_1，巡航終了時の重量を W_2（したがって燃料重量は $W_{fuel} = W_1 - W_2$）とすると，航続距離 R を $S.R.$ 重量で積分して次のように得られる．

$$R = 3.6 \frac{V}{b_J} \cdot \frac{C_L}{C_D} \ln \frac{1}{1 - W_{fuel}/W_1} \quad （km）$$

（燃費 b_J，機体速度 V，揚力係数 C_L，抗力係数 C_D，

燃料重量 W_{fuel}，巡航開始重量 W_1，自然対数 ln（後述））

この式は**ブレゲー（Breguet）の式**と呼ばれる．この式から航続距離 R は，燃費 b_J が良い（小さい）ほど長くなり，また $V \cdot C_L/C_D$ が大きいほど長くなることがわかる（**図 4.1-2**）．すなわち，エンジン屋さんに頑張ってもらい燃費 b_J を小さくするとともに，空力屋さんに頑張ってもらい空力形状の工夫により揚抗比 C_L/C_D を大きくすることが重要である．

ブレゲーの式は，$V \cdot (C_L/C_D)$ を一定として求めたものである．そこで，その値を最大にする条件について考えてみよう．巡航飛行では推力と抗力が等しいから次の関係がある．

第4章 飛行性能

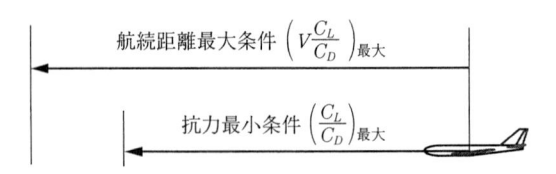

図 4.1-2 航続距離を大きくする飛行方法

$$T = D = \frac{1}{2}\rho V^2 S C_D, \quad \therefore \quad V = \sqrt{\frac{2T}{\rho S C_D}}$$

これから，その一定項は次のように変形できる．

$$V \cdot \frac{C_L}{C_D} = \sqrt{\frac{2T}{\rho S}} \cdot \frac{C_L}{C_D^{3/2}}$$

すなわち，航続距離 R を長くするには，$C_L/C_D^{3/2}$ を最大にするような条件で飛行するのがよいことがわかる．それは，具体的には次の揚力係数で飛行することに対応する．

$$C_{L3} = \sqrt{\frac{C_{D_0}}{2k}} = \frac{1}{\sqrt{2}} C_{L1} = 0.707 C_{L1}$$

$$V_{巡航3} = \sqrt{\frac{2W}{\rho S C_{L3}}} = 2^{1/4} V_{巡航1} = 1.19 V_{巡航1}$$

さらに，このとき揚抗比は次のように表される．

$$\frac{C_L}{C_D} = \frac{2\sqrt{2}}{3} \cdot \left(\frac{C_L}{C_D}\right)_{最大値} = 0.943 \left(\frac{C_L}{C_D}\right)_{最大値} = \frac{\sqrt{2}}{3} \cdot \frac{1}{\sqrt{kC_{D_0}}}$$

問 4.1-2

航続距離最大となる飛行速度

航続距離を最大にする条件は，$C_L/C_D^{3/2}$ が最大となることである．これを実際に解いて上記揚力係数 C_{L3} および速度 $V_{巡航3}$ の式を導出せよ．

$C_D = C_{D_0} + kC_L^2$ の式を用いて，$C_L/C_D^{3/2}$ を C_L で微分して 0 と置く．

$$\frac{d}{dC_L}\left(\frac{C_D^{3/2}}{C_L}\right) = \frac{d}{dC_L}\left[C_L^{-1} \cdot (C_{D_0} + kC_L^2)^{3/2}\right]$$

$$= \sqrt{C_{D_0}+kC_L{}^2}\,[-C_L{}^{-2}\cdot(C_{D_0}+kC_L{}^2)+3k] = 0$$

これから，航続距離最大となる揚力係数が次のように求まる．

$$\therefore\ C_{L3}=\sqrt{\frac{C_{D_0}}{2k}}=\frac{1}{\sqrt{2}}C_{L1}\quad (C_L/C_D{}^{3/2}\,\text{が最大})$$

このとき，水平飛行条件から次式の飛行速度が求まる．

$$\frac{1}{2}\rho V^2_{\text{巡航}3}SC_{L3}=W,\quad \therefore\ V_{\text{巡航}3}=\sqrt{\frac{2W}{\rho SC_{L3}}}$$

以上の関係式を用いると，航続距離最大の条件で飛行した場合と，単に抗力最小（すなわち揚抗比最大）で飛行した場合との航続距離の違いが次のように計算できる．

$$\frac{R_{\text{航続距離最大条件}}}{R_{\text{抗力最小条件}}}=\frac{V_{\text{巡航}3}}{V_{\text{巡航}1}}\times\frac{(C_L/C_D)_{\text{巡航}3}}{(C_L/C_D)_{\text{巡航}1}}=1.19\times 0.943=1.12$$

すなわち，単純に抗力最小で飛行するよりも，航続距離最大の飛行条件で飛行すると，航続距離が12％向上することがわかる．飛行方法だけで12％も向上するのは大きなことである．

問 4.1-3

航続距離最大となる飛行速度の実現

航続距離を最大にするには，速度 $V_{\text{巡航}3}$ で飛行すればよいことがわかった．ただし，この飛行方法により改善することできない場合がある．それはどのような場合かを述べよ．

航続距離最大となる飛行速度を実際の値で検討してみよう．いま，次のような機体性能データを仮定する．

機体重量 $W_1=350{,}000$（kgf），主翼面積 $S=500$（m²）
巡航飛高度 $H_p=36{,}000$（ft），空気密度 $\rho=0.0372$（kgf・s²・m⁴）
有害抗力係数 $C_{D_0}=0.0176$，誘導抗力の係数 $k=0.0508$

このとき，

第4章 飛行性能

$$C_{L_1} = \sqrt{\frac{C_{D_0}}{k}} = \sqrt{\frac{0.0176}{0.0508}} = 0.589$$

$$V_{巡航1} = \sqrt{\frac{2W}{\rho S C_{L_1}}} = \sqrt{\frac{2 \times 350,000}{0.0372 \times 500 \times 0.589}}$$

$$= 253 \,(\mathrm{m/s}) \quad \Rightarrow \quad \textbf{マッハ数 0.86}$$

これに対して,航続距離最大条件の場合は

$$C_{L_3} = 0.707 \ C_{L_1} = 0.416$$

$$V_{巡航3} = 1.19 \ V_{巡航1} = 301 \,(\mathrm{m/s}) \quad \Rightarrow \quad \textbf{マッハ数 1.02}$$

となる.航続距離最大条件の飛行速度は,抗力最小速度よりも19%も速くなっている.ところで,最も効率のよい高度の36,000(ft)で,旅客機のほぼ最高速度であるマッハ数0.85の速度は251(m/s)である.すなわち,この高度では251(m/s)以上の速度を出すのは,抗力が急激に増加するため難しい.これはいわゆる音の壁と言われる抗力急増現象のためである.

 実際に,航続距離最大の条件である$V_{巡航3}$の速度は超音速(マッハ数が1より大)となってしまい,上記で述べた飛行方法による航続距離12%増加は期待できない.なお,この巡航速度は,機体重量が軽い場合は低くなるので,その場合には航続距離最大条件で飛行することも可能となる.

4.2 航続距離を大きくする燃料重量比

 前節において,航続距離Rに関するブレゲーの式を導いた.再び書くと次式である.

$$R = 3.0 \, \frac{V}{b_J} \cdot \frac{C_L}{C_D} \ln \frac{1}{1 - W_{fuel}/W_1} \quad (\mathrm{km})$$

(燃費b_J,機体速度V,揚力係数C_L,抗力係数C_D,

燃料重量W_{fuel},巡航開始重量W_1,自然対数$\ln$)

4.2 航続距離を大きくする燃料重量比

> **問 4.2-1**
>
> **航続距離と燃料重量比**
>
> 航続距離 R は，W_{fuel} ではなく W_{fuel}/W_1 に関係することを説明せよ．ただし，W_{fuel} は巡航に使用した燃料重量，W_1 は巡航開始重量である．

上記ブレゲーの式から，航続距離 R は W_{fuel}/W_1 に関係することが示されているが，実際には次式が関係している．

$$\ln\frac{1}{1-W_{fuel}/W_1} = \ln\frac{W_1}{W_1-W_{fuel}} = \ln\frac{W_1}{W_2} \quad (\ln \text{は自然対数})$$

ここで，W_1 は巡航開始重量，W_2 は巡航終了時重量である．航続距離はどれくらい遠くまで飛行できるかであるから，燃料重量 W_{fuel} のみに関係すると思えるが，4.1節で述べた燃料 1（kgf）で飛行できる距離 $S.R.$（次式）

$$S.R. = 3.6 \frac{V}{b_J} \cdot \frac{C_L}{C_D} \cdot \frac{1}{W} \quad (\text{km}/\text{燃料 kgf})$$

を W_1 から W_2 まで重量で積分した結果として $\ln(W_1/W_2)$ が得られるものである．上記 $S.R.$ の式で，重量 W が小さくなると $S.R.$ が増加するのは，エンジン推力が $T = WC_D/C_L$ で表され，W が小さくなると推力が小さくて済むからである．

いま，微小の燃料重量減少分（$-dW$）で飛行できる距離 dR は，$S.R.$ に（$-dW$）を掛けた次式で与えられる．

$$dR = 3.6 \frac{V}{b_J} \cdot \frac{C_L}{C_D} \cdot \frac{-dW}{W}$$

この式は，飛行できる距離が現在の重量に対する燃料重量の比によって決まることを示している．したがって，dR の式を W_1 から W_2 まで積分すると，航続距離は $\ln(W_1/W_2)$ に比例するという結果が得られる．この $\ln(W_1/W_2)$ の値は次のように興味ある結果を与える．

$$\ln(2) = 0.69, \quad \ln(10) = 2.3, \quad \ln(10^3) = 3 \times \ln(10) = 6.9$$

すなわち，巡航終了時の重量 W_2 が開始時重量 W_1 の $1/1{,}000$（ほとんど 0）となっても航続距離は，$W_2/W_1 = 1/2$ の場合の航続距離のたかだか 10 倍にし

第4章 飛行性能

かならないことがわかる．巡航終了時に重量が0に近い場合にはエンジン推力も0に近い値で済むはずであるので，航続距離は500倍に伸びると思われるが，10倍程度という興味ある結果を示す．もちろん，$W_2/W_1=0$（完全に0）であれば航続距離は無限大になる．

さて，この燃料重量比 W_{fuel}/W_1 の自然対数関数項を図で表してみると**図4.2-1**のようになる．

航続距離 R を長くするには，上記 W_{fuel}/W_1 の自然対数関数項を大きくすることである．図4.2-1 から，例えば W_{fuel}/W_1 が 0.4 のとき自然対数関数項は 0.5 であるが，W_{fuel}/W_1 が 0.5 になると自然対数関数項は 0.7 になり，40% も航続距離が増加する．

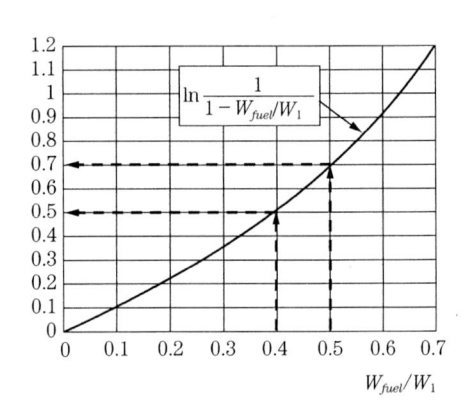

図 4.2-1　航続距離の燃料重量比の影響

表 4.2-1　燃料重量比と航続距離の対応例

巡航開始重量 W_1	300 t	150 t	15 t
自重比 W_{empty}/W_1	0.45	0.50	0.60
乗員乗客比 W_{fixed}/W_1	0.10 (300名)	0.10 (150名)	0.10 (15名)
燃料重量比 W_{fuel}/W_1	**0.45**	**0.40**	**0.30**
$\ln\dfrac{1}{1-W_{fuel}/W_1}$	0.60	0.50	0.35
航続距離 R	12,000 km	10,000 km	7,000 km

表 4.2-1 は，燃料重量比と航続距離との対応例である．統計値によると，重量が大きい機体ほど自重比が小さくなる傾向があり，その結果，燃料重量比を大きくできるため航続距離を長くできる．

この表から，機体重量に対する燃料重量比を大きくすることは，航続距離を長くするために非常に重要であることがわかる．それは，機体重量に占める自重の比率をいかに下げられるかにかかっている．近年，機体の構造重量を軽くするために複合材料を多用するのはそのためである．

4.3 航続距離から決まる着陸／離陸重量比

航続距離 R が与えられたとき，必要燃料 W_{fuel} との関係は次式であった．

$$R = 3.6 \frac{V}{b_J} \cdot \frac{C_L}{C_D} \ln \frac{1}{1 - W_{fuel}/W_1} \quad (\text{km})$$

ここで，W_1 は巡航開始時の重量である．巡航終了時の重量を W_2 とすると，$1 - W_{fuel}/W_1 = W_2/W_1$ であるから，上記式から次の関係式が得られる．

$$\frac{W_2}{W_1} = e^{-\frac{R \cdot b_J}{3.6 V \cdot (C_L/C_D)}}$$

（航続距離 R，燃費 b_J，機体速度 V，揚力係数 C_L，抗力係数 C_D）

巡航終了後，降下から着陸までの燃料消費は少ないと仮定すると，巡航終了時の重量 W_2 を着陸重量と近似することができる．このとき，離陸重量を W_{TO} と書くと，離陸重量に対する着陸重量比は次式で得られる．

$$\frac{W_2}{W_{TO}} = \frac{W_1}{W_{TO}} \cdot \frac{W_2}{W_1}, \quad （離陸重量 W_{TO}，巡航開始 W_1，着陸重量 W_2）$$

これらの式は，第 5 章において実施する飛行機設計具体例の中で使用される．

4.4 巡航飛行から決まる推力重量比

航続距離が最大となるように揚力係数 C_{L3} で飛行した場合の揚抗比は，4.1 節において次のように与えられた．

第4章　飛行性能

$$\frac{C_L}{C_D} = \frac{\sqrt{2}}{3} \cdot \frac{1}{\sqrt{kC_{D_0}}}$$

一方，2.3節にて抗力が $D = WC_D/C_L$ であったから，巡航飛行に必要な推力要求値は次のようになる．

$$\frac{T}{W} \geq \frac{C_D}{C_L} = \frac{3}{\sqrt{2}} \cdot \sqrt{kC_{D_0}}$$

問 4.4-1

航続距離最大時の必要推力

航続距離が最大となる揚力係数 C_{L_3} で飛行した場合の必要推力は，上式で与えられる．次の空力データを用いて推力重量比 T/W を計算せよ．

有害抗力係数 C_{D_0}＝0.0201，誘導抗力の比例係数 k＝0.0512

上記 T/W の式に C_{D_0} および k を代入すると，次のようになる．

$$\frac{T}{W} \geq \frac{3}{\sqrt{2}} \cdot \sqrt{kC_{D_0}} = 2.12 \times \sqrt{0.0512 \times 0.0201} = 0.068$$

すなわち，巡航飛行の場合，必要推力は重量の7%程度（重量の約1/15）しか必要でないことがわかる．このように小さな値となるのは，旅客機の抗力が揚力の1/15程度まで小さくできるようになったからである．

さて，上記の推力重量比 T/W は巡航飛行の場合である．しかし，エンジン推力を決めるには，最大推力を用いる離陸であるので，巡航するための必要推力を離陸時の推力 T_{TO} のに換算して要求値とする必要がある．これは次のように行う．巡航開始時の重量および推力を W_1 および T_1，離陸重量 W_{TO} として次の関係式を用いる．

$$\left(\frac{T}{W}\right)_{TO} = \left(\frac{T}{W}\right)_1 \cdot \frac{W_1/W_{TO}}{T_1/T_{TO}}$$

この式で上記巡航時の T/W の式を用いると次式が得られる．

$$\left(\frac{T}{W}\right)_{TO} \geq \frac{3}{\sqrt{2}} \sqrt{kC_{D_0}} \cdot \frac{W_1/W_{TO}}{T_1/T_{TO}}$$

(有害抗力係数 C_{D_0}, 誘導抗力の比例係数 k,

巡航開始時重量比 W_1/W_{TO}, 巡航開始時推力比 T_1/T_{TO})

離陸時の必要推力に換算したこの式の中で，巡航開始時推力比 T_1/T_{TO} の値が巡航の高々度でエンジン効率が下がり，小さくなることに注意する必要がある．なお，上式は第5章において実施する飛行機設計具体例の中で使用される．

4.5 離陸距離の3つの要素

図 4.5-1 に離陸経路図を示す．離陸距離は，実際に滑走路を滑走する離陸滑走距離と，離陸してある高度に達するまでの飛行距離から成る．飛行距離には，離陸後に空中で上昇しないで加速している状態の空中加速距離と，上昇して高度を得るための上昇飛行時の距離の2つがある．すなわち，図 4.5-1 に示すように，離陸距離は3つの要素から成る．

離陸時はフラップと呼ばれる小翼を主翼の後側から出して，揚力係数の最大値 $C_{L\max}$ を大きくする．最大揚力係数 $C_{L\max}$ のときに釣り合える最小速度が離陸形態での**失速速度** V_s であり，次のように表される．

$$W = \frac{1}{2}\rho_0 V_s^2 S C_{L\max}, \qquad V_s = \sqrt{\frac{2W}{\rho_0 S C_{L\max}}}$$

(機体重量 W, 海面上の空気密度 ρ_0, 失速速度 V_s,

主翼面積 S, 最大揚力係数 $C_{L\max}$)

図 4.5-1 に示す**離陸速度** V_{LO} は概ね $1.1\,V_s$, **安全離陸速度** V_2 は $1.2\sim1.3\,V_s$ で実施される．離陸距離に安全率の 1.15 倍した距離を，空港滑走路として必

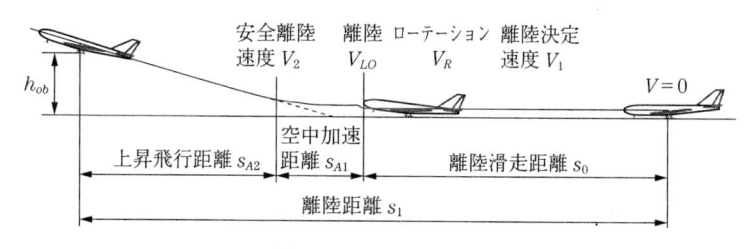

図 4.5-1 離陸経路図

要な距離である**離陸滑走路長** s_{TO} という．実際には，離陸時にエンジンが故障した場合の対処などに必要な距離として離陸滑走路長も少し変わってくるがここでは省略する．

4.6 離陸滑走距離の推算

　地上滑走中の機体に働く力を**図4.6-1**に示す．上下方向の力は，揚力 L，機体重量 W，地面反力 P，ただし $P=W-L$ である．前進する方向の力は，エンジン推力 T，抗力 D および地面との摩擦力 μP，ただし μ は車輪の転がり摩擦係数である．

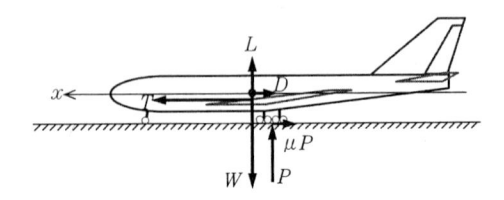

図4.6-1　離陸滑走中に働く力

問 4.6-1

離陸滑走距離の推算

　地上滑走中の機体には，図4.6-1に示すように，エンジン推力 T，抗力 D，地面摩擦力 μP，地面反力 $P=W-L$ などの力が働いている．これらの力の中でエンジン推力 T 以外は小さいとして省略して，エネルギーと仕事の式から離陸滑走距離 s_0 を求めよ．ただし，離陸速度を V_{LO} とする．

　加速力はエンジン推力 T のみで距離 s_0 進んだ仕事が，離陸時の運動エネルギーに等しいとすると次式が得られる．

$$T \cdot s_0 = \frac{W}{2g} V_{LO}^2, \quad \therefore \quad s_0 = \frac{W}{2gT} V_{LO}^2$$

いま，離陸速度 $V_{LO}=1.1 V_s$ と仮定し，失速速度 V_s の式を代入すると，離陸

滑走距離 s_0 が次のように得られる．

$$s_0 = \frac{1.1^2}{\rho_0 g} \cdot \frac{1}{C_{L\max}} \cdot \frac{W/S}{T/W} = \frac{0.989}{C_{L\max}} \cdot \frac{W/S}{T/W} \quad (\text{m})$$

（最大揚力係数 $C_{L\max}$，機体重量 W，主翼面積 S，エンジン推力 T）

問 4.6-2

離陸滑走距離を短くするには

離陸滑走距離 s_0 を短くするにはどのような工夫をしたらよいか述べよ．

離陸滑走距離 s_0 を短くするには，上記式から最大揚力係数 $C_{L\max}$ を大きくし，**推力重量比** T/W を大きくし，更に**翼面荷重** W/S を小さくすることである．すなわち，機体重量 W に対して推力 T と主翼面積 S をどのような比率にするかが重要な要素となる．実際の数値で確認してみよう．

> 機体重量 $W = 350,000$（kgf），主翼面積 $S = 500$（m²）
> エンジン推力 $T = 80,000$（t），最大揚力係数 $C_{L\max} = 1.5$

とすると，離陸滑走距離 s_0 は次のような値となる．

$$s_0 = \frac{0.989}{C_{L\max}} \cdot \frac{W/S}{T/W} = \frac{0.989}{1.5} \times \frac{350,000/500}{80,000/350,000} = 2,020 \quad (\text{m})$$

さて，離陸距離 s_1 は，離陸滑走距離 s_0 と 2 つの飛行距離（空中加速距離 s_{A1} および上昇飛行距離 s_{A2}）を合計した距離として得られるが，初期設計段階においては，飛行距離は離陸滑走距離 s_0 の約半分程度と近似し，次第に精度を上げていけばよい．したがって，初期設計段階では離陸距離 s_1 および離陸滑走路長 s_{TO} は次のように近似する．

離陸距離 $s_1 = 1.5 s_0$，離陸滑走路長 $s_{TO} = 1.15 s_1$

4.7 離陸滑走距離による推力重量比と翼面荷重

離陸滑走距離 s_0 と推力重量比 T/W および翼面荷重 W/S との関係が 4.6 節で得られた．その式を変形すると，離陸滑走距離 s_0 が与えられた場合に，推力重量比 T/W と翼面荷重 W/S が満たすべき関係式が次のように得られる．

$$\left(\frac{T}{W}\right)_{TO} \geqq \frac{0.989}{s_0 C_{L_{\max}}} \cdot \left(\frac{W}{S}\right)_{TO}$$

(エンジン推力 T，機体重量 W，離陸滑走距離 s_0 (m)，
最大揚力係数 $C_{L_{\max}}$，主翼面積 S)

離陸性能の要求は離陸滑走路長 s_{TO} で与えられるが，初期設計段階ではその値を 1.15 で割った離陸距離を，更に 1.5 で割って離陸滑走距離 s_0 と近似する．上式は，短い離陸滑走距離 s_0 で離陸するために，翼面荷重 W/S を小さくするか，または大きな推力重量比 T/W が必要であることを示している．上記式は，第 5 章において実施する飛行機設計具体例の中で使用される．

4.8 離陸引き起こしと重心前方限界

離陸滑走中に機首を上側に回転することを**離陸引き起こし**という．飛行機にとっては，この離陸引き起こし能力は最も厳しい要求の 1 つである．

問 4.8-1

離陸引き起こし

低速での離陸引き起こし能力は，機体にとって最も厳しい要求の 1 つと言われる理由を述べよ．

離陸滑走中は機体姿勢が水平である．したがって，主翼には揚力がほとんど発生していない．離陸引き起こしを行うためには，図 4.8-1 に示すように，主脚回りに機体を回転するトルクを発生させる必要があるが，速度が低い状態でエレベータの発生する空気力のみで，重心が主脚よりも前方にある機体を上に

4.8 離陸引き起こしと重心前方限界

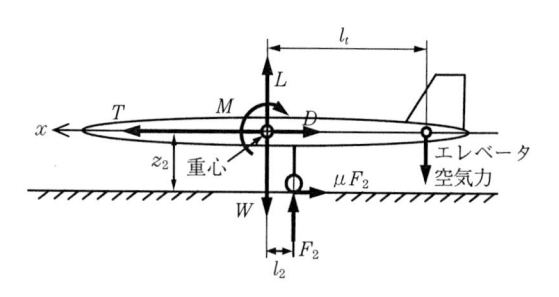

図 4.8-1 離陸引き起こし

引き上げなくてはならない．しかも，離陸時は重心が特に前方にあることが多い．このため，離陸引き起こし能力により，重心前方限界とエレベータの必要な効きが決められる．

前脚が滑走路を離れる際の速度を V_{NWL} として，離陸引き起こし時の釣り合いを求めてみよう．迎角は 0 であるので揚力は小さく，またエレベータ操舵による揚力分も大きくないとして揚力の影響は無視して $F_2 \fallingdotseq W$ とし，摩擦力も小さいので省略すると，機体重心回りの釣り合いから次式が得られる．

$$\frac{1}{2} \rho V_{NWL}^2 S \bar{c} C_{m_{\delta e}} \delta e = W \cdot l_2$$

（前脚上げ速度 V_{NWL}，主翼面積 S，平均空力翼弦 $\bar{c}$，エレベータ効き $C_{m_{\delta e}}$，エレベータ舵角 δe，重量 W，重心〜主脚距離 l_2）

V_{NWL} は離陸速度 V_{LO} （$=1.1 V_s$）の 95% の速度で，エレベータ角度 $\delta e = -20°$ 程度で上記式を満足できるエレベータ効きが必要であると考えると，主脚位置から重心前方限界までの距離 l_2 が次のように得られる．

$$\frac{l_2}{\bar{c}} = \frac{\rho V_{NWL}^2 S C_{m_{\delta e}} \times (-20°)}{2W} \times 100 \quad (\%\text{MAC})$$

この値は，主脚位置と重心前方限界との関係を決める際に用いられる．

4.9 着陸距離の3つの要素

図4.9-1に着陸経路図を示す．ある高度を越えて最終進入，フレアー（最終引き起こし），フローティングで着地（速度V_{TD}）までの飛行距離L_A（水平飛行距離L_{A1}と降下飛行距離L_{A2}の2つ）と，実際に滑走路を滑走する**着陸滑走距離**L_0とがあり，それらの合計が**着陸距離**L_1である．すなわち，図4.9-1に示すように，着陸距離は3つの要素から成る．

着陸時は速度を低くするためにフラップを大きく出して，最大揚力係数$C_{L\max}$を極力大きな値にする．このときに釣り合える最小速度が着陸形態での**失速速度**V_sであり，次のように表される．

$$W = \frac{1}{2}\rho_0 V_s^2 S C_{L\max}, \qquad V_s = \sqrt{\frac{2W}{\rho_0 S C_{L\max}}}$$

（機体重量W，海面上の空気密度ρ_0，失速速度V_s，
主翼面積S，最大揚力係数$C_{L\max}$）

図4.9-1に示すアプローチ速度V_{app}は概ね$1.2V_s$，着陸速度V_{TD}は概ね$1.15V_s$で実施される．着陸距離L_1に安全係数（1/0.6）を乗じたものを**着陸滑走路長**L_dという．

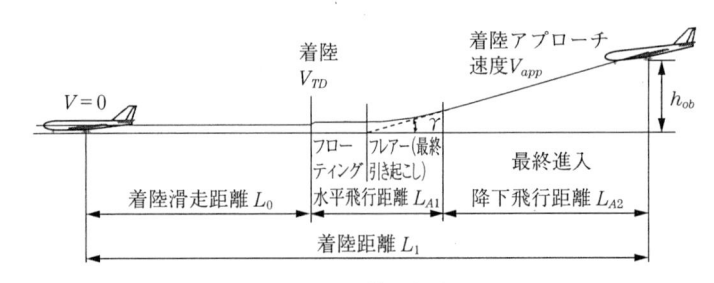

図4.9-1　着陸径路図

4.10 着陸滑走距離の推算

地上滑走中の機体に働く力を**図 4.10-1** に示す．上下方向の力は，揚力 L，機体重量 W，地面反力 P，ただし $P = W - L$ である．前後方向の力は，抗力 D および地面との摩擦力 μP，ただし μ はブレーキを掛けたときのタイヤの摩擦係数である．エンジン推力を 0 とする．

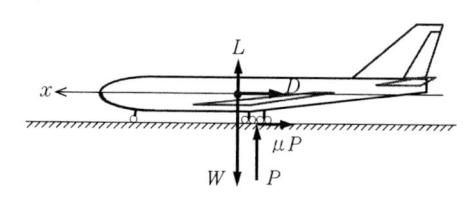

図 4.10-1　着陸滑走中に働く力

問 4.10-1

着陸滑走距離の推算

地上滑走中の機体には，図 4.10-1 に示すように，揚力 L，抗力 D，ブレーキによる地面摩擦力 μP，地面反力 $P = W - L$ などの力が働いている．これらの力の中でブレーキ摩擦力 μW（揚力 L も小さいとする）以外は小さいとして省略して，エネルギーと仕事の式から着陸滑走距離 L_0 を求めよ．ただし，着陸速度を V_{TD} とする．

減速力 μW で距離 L_0 だけ移動した仕事量が，着地時の運動エネルギーに等しいとすると次式が得られる．

$$\mu W \cdot L_0 = \frac{W}{2g} V_{TD}^2, \quad \therefore \quad L_0 = \frac{V_{TD}^2}{\mu \cdot 2g}$$

着陸速度を $V_{TD} = 1.15 V_s$ と仮定し，失速速度 V_s の式を代入すると，着陸滑走距離 L_0 が次のように得られる．

$$L_0 = \frac{V_{TD}^2}{\mu \cdot 2g} = \frac{1.08}{\mu C_{L_{\max}}} \cdot \frac{W}{S} \quad (\mathrm{m})$$

（ブレーキ摩擦係数 μ，最大揚力係数 $C_{L_{\max}}$，機体重量 W，主翼面積 S）

これから，着陸滑走距離 L_0 を短くするには，最大揚力係数 $C_{L_{\max}}$ を大きくし，翼面荷重 W/S を小さくすることである．すなわち，機体重量 W に対して主翼面積 S をどのような比率にするかが重要な要素となる．実際の数値で確認してみよう．

> 機体重量 $W = 250{,}000$（kgf），主翼面積 $S = 500$（m^2）
> ブレーキ摩擦係数 $\mu = 0.3$，最大揚力係数 $C_{L_{\max}} = 2.0$

とすると，着陸滑走距離 L_0 は次のような値となる．

$$L_0 = \frac{1.08}{\mu C_{L_{\max}}} \cdot \frac{W}{S} = \frac{1.08}{0.3 \times 2.0} \times \frac{250{,}000}{500} = 900 \quad (\mathrm{m})$$

さて，着陸距離 L_1 は，着陸滑走距離 L_0 と2つの飛行距離（水平飛行距離 L_{A1} と降下飛行距離 L_{A2}）を合計した距離として得られるが，初期設計段階においては，飛行距離は着陸滑走距離 L_0 の約半分程度と近似し，次第に精度を上げていけばよい．したがって，初期設計段階では着陸距離 L_1 および着陸滑走路長 L_d は次のように近似する．

着陸距離 $L_1 = 1.5 L_0$，　着陸滑走路長 $L_d = L_1 / 0.6$

4.11 着陸滑走距離による翼面荷重

着陸滑走距離 L_0 と翼面荷重 W/S との関係が4.10節で得られた．その式を変形すると，着陸滑走距離 L_0 が与えられた場合に，翼面荷重 W/S が満たすべき関係式が次のように得られる．

$$\frac{W}{S} \leq \frac{\mu C_{L_{\max}}}{1.08} \cdot L_0$$

この式の翼面荷重 W/S は着陸重量の場合である．しかし，機体形状を決め

るには，離陸重量に対して主翼面積がどのくらい必要なのかをを決める必要があるので，この式を離陸重量 W_{TO} の場合に換算する．それには次の関係式を用いる．

$$\left(\frac{W}{S}\right)_{TO} = \left(\frac{W}{S}\right)_{着陸} \cdot \frac{1}{W_{着陸}/W_{TO}}$$

この式で，上記着陸時の W/S の式を換算すると次式が得られる．

$$\left(\frac{W}{S}\right)_{TO} \leq \frac{\mu C_{L_{\max}}}{1.08} L_0 \cdot \frac{1}{W_{着陸}/W_{TO}}$$

(機体重量 W，主翼面積 S，ブレーキ摩擦係数 μ，最大揚力係数 $C_{L_{\max}}$，着陸滑走距離 L_0 (m)，着陸時重量比 $W_{着陸}/W_{TO}$)

着陸性能の要求は，着陸滑走路長 L_d で与えられるが，初期設計段階ではその値の 0.6 倍を着陸距離に，更に 1.5 で割って着陸滑走距離 L_0 と近似する．上式は，短い着陸滑走距離 L_0 で着陸するためには，翼面荷重 W/S を小さくする必要があることを示している．上記式は，第 5 章において実施する飛行機設計具体例の中で使用される．

4.12 接地速度

前節で，着陸滑走路長と機体パラメータとの関係を求めた．ところが，着陸性能を着陸滑走路長の要求だけで機体を決めてしまうと，十分に長い滑走路の場合には，着陸時の接地速度が非常に高くなって操縦が難しくなる可能性がある．そこで，接地速度の上限も要求しておく必要がある．

いま，接地速度を $V_{TD} = 1.15 V_s$ と仮定すると，接地時の釣り合い式から次の関係式が得られる．

$$V_{TD} = 1.15 V_s = 1.15 \sqrt{\frac{2W}{\rho_0 S C_{L_{\max}}}} \quad (\text{m/s})$$

(機体重量 W，海面上の空気密度 ρ_0，主翼面積 S，
最大揚力係数 $C_{L_{\max}}$)

これから，接地速度 V_{TD} を低くするには，最大揚力係数 $C_{L_{\max}}$ を大きくし，

翼面荷重 W/S を小さくすることである．すなわち，接地速度についても機体重量 W に対して主翼面積 S をどのような比率にするかが重要な検討項目となる．

4.13　接地速度による翼面荷重

着陸時の接地速度 V_{TD} と翼面荷重 W/S との関係が4.12節で得られた．その式を変形すると，接地速度 V_{TD} が与えられた場合に，翼面荷重 W/S が満たすべき関係式が次のように得られる．

$$\frac{W}{S} \leqq \frac{\rho_0 C_{L_{\max}}}{2} \cdot \left(\frac{V_{TD}}{1.15}\right)^2$$

この式の翼面荷重 W/S は着陸重量の場合である．したがって，4.11節と同様に，離陸重量の場合に換算すると，次式を得る．

$$\left(\frac{W}{S}\right)_{TO} \leqq \frac{\rho_0 C_{L_{\max}}}{2} \cdot \left(\frac{V_{TD}}{1.15}\right)^2 \cdot \frac{1}{W_{着陸}/W_{TO}}$$

（機体重量 W，主翼面積 S，空気密度 ρ，最大揚力係数 $C_{L_{\max}}$，
接地速度 V_{TD} (m/s)，着陸時重量比 $W_{着陸}/W_{TO}$）

上式は，低い接地速度 V_{TD} で着陸するためには，翼面荷重 W/S を小さくする必要があることを示している．この式は，第5章において実施する飛行機設計具体例の中で使用される．

4.14　転覆角と重心後方限界

地上で転覆しないための条件を考える．図 4.14-1 は，尻すり角を 13°と考えた場合の地上接地状態である．
図 4.14-1 から

$$z_2 = l_{G1} \tan 13°$$

$$\therefore \ l_{G2} = z_2 \tan 13° = 0.053 \, l_{G1}$$

であるから，転覆しないためには，主脚の前方 l_{G2} が重心後方限界となる．

4.14 転覆角と重心後方限界

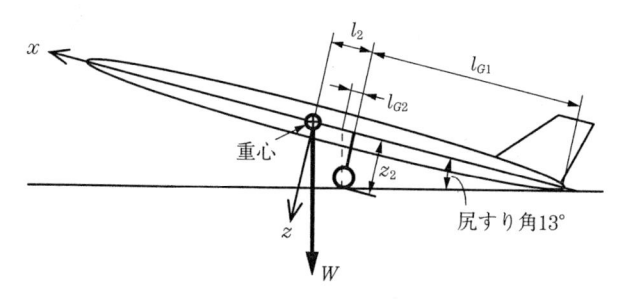

図 4.14-1　尻すり角接地状態

なお，胴体後部から主脚位置までの距離 l_{G1} は，主脚位置を全機の空力中心と近似する．

第5章 飛行機設計の具体的手順

第4章において，飛行機（対象は旅客機とする）を設計する際に必要な飛行性能について述べた．本章では，飛行性能に関する要求値が与えられた場合に，機体形状パラメータはどのように決まっていくのか飛行機設計の具体的手順について述べる．

問 5.0-1

飛行機開発の成功とは

飛行機の開発が成功したと言えるのは，旅客機の場合には運行会社に予想した数の機体を買ってもらえたときである．5年程度かけて開発した機体は400機程度は売れないと採算上厳しいと言われている．開発を決心し，それを成功させるためには，開発決定までに何を検討しておく必要があるかを述べよ．

まずは，狙う市場を明確化することである．現在の市場の動向を調査して，需要予測，販売機数の予測，他社の競合機の動向など，いわゆる将来性を評価することが重要である．需要の予測には，安全性，公共性，環境対策などの社会的な要求を考慮しなくてはならない．販売機数の予測では，運行会社からの性能要求や経済性，低価格，運行の信頼性，発展性，乗客の快適性などが求められる．他社の競合機の動向も重要である．同じ機体を開発したのでは，販売機数も減ってしまうし，競合機よりも性能が悪ければ全く売れない危険性もある．

第5章　飛行機設計の具体的手順

一方，機体メーカ側においても，各種の要求を満たすための開発技術力（含む新技術適用能力）があるかどうか，開発人員，開発設備，開発資金が確保できるかどうかの見極めが必要である．

以上のような問題点が解決できる見通しが得られた時点で，運行会社に開発計画を説明して購入予約の販売活動を開始する．その結果，将来的に採算が取れると判断された時点で開発開始となる．このように開発までのステップにはいくつもの関門があり，最初の検討から機体の引き渡しまでに7〜8年も費やす程の失敗の許されない一大事業なのである．

5.1 飛行性能を満足する推力重量比と翼面荷重

以下では，旅客機を例として，具体的な設計手順について述べる．

問 5.1-1

飛行性能要求値

設計を始めるにはまず，その旅客機が満たすべき飛行性能要求値を決める必要がある．その性能要求項目について述べよ．

旅客機設計時の飛行性能要求項目としては，第4章で述べたように次の項目である．わかりやすくするため，実際の数値例も示す（**図5.1-1**）．

①のペイロード，乗員・乗客は，ここでは乗客450名が荷物も含めて1人100 kgfとし，45 tと仮定した．

②の航続距離は，最も効率的である高度36,000 ft（約11,000 m）で，速度はマッハ数0.85の巡航で12,000 kmとする．巡航においては揚力係数C_Lおよび速度は一定とし，したがって上昇しながらの巡航（いわゆる "**cruse climb**"）方式とする．

③離陸滑走路長は3,000 mとする．3,000 mであれば日本全国で12, 3カ所程度の空港で運用可能である．

④着陸滑走路長は2,000 mである．通常，着陸滑走路長は離陸滑走路長よりも短く設定される．着陸は雨天や横風時などでは難しい操縦となるので，着

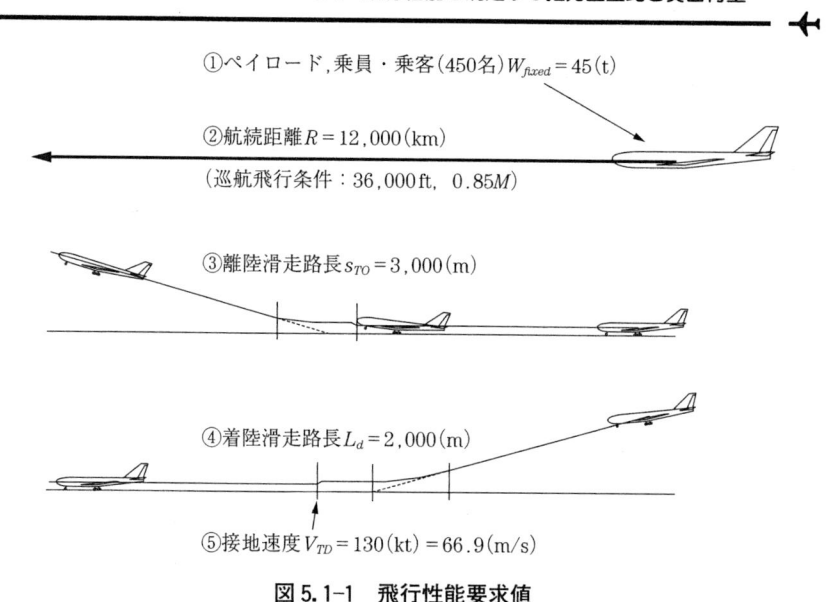

5.1　飛行性能を満足する推力重量比と翼面荷重

①ペイロード,乗員・乗客(450名)$W_{fixed} = 45$(t)

②航続距離$R = 12,000$(km)

(巡航飛行条件：36,000ft, 0.85M)

③離陸滑走路長$s_{TO} = 3,000$(m)

④着陸滑走路長$L_d = 2,000$(m)

⑤接地速度$V_{TD} = 130$(kt) $= 66.9$(m/s)

図 5.1-1　飛行性能要求値

陸滑走路長は余裕を持って設定するのがよい．

⑤接地速度は 130 kt である．この接地速度と着陸滑走路長の要求は基本的には着陸速度を制限するという面で同じであるが，着陸滑走路長の要求だけで設定すると，滑走路に余裕がある場合には着陸速度が大きな値になってしまう．そこで，接地速度の上限の要求も設定しておく必要がある．

これらの飛行性能を満足する推力重量比 T/W および翼面荷重 W/S を以下のように求めていく．

5.1.1　初期設定形状

> **問 5.1-2**
>
> **初期設定形状**
> これから飛行性能要求を満足する機体を設計して行くわけであるが，まず最初に何から始めるかについて述べよ．

設計する際の注意事項が1つある．それは，いくら解析計算をしても，そこから新しい飛行機が生まれるわけではないということである．文献8) には次

のように述べられている.「画家が絵を描くのと同じように,設計者自ら創造するものである」.ここでの設計例も,まず最初に設計者が描いたスケッチなどを基にした初期の形状パラメータをまず準備する必要がある.この初期形状に基づき,各種の解析計算を実行しながら,何度も繰り返して最終的に飛行性能を満足する飛行機に仕上げていくわけである.もちろん,初期に設定した形状で性能要求値をすべて満足すれば,それで形状が決まってしまう.これからわかるように,初期の機体形状設定は非常に重要である.

最初に始めることは設計者自らが創造して行くこと,と述べたが,その作業の前に準備作業があることを忘れてはいけない.失敗が許されない一大事業であるから,自分の想いだけで設計することはできない.準備作業としては,他社の競合機の動向および現在運用している機体の性能を十分に調査し,いわゆるターゲット機を設定する.運行会社にとってはまだまだ使える現有機を買い換えてもらう,すなわち莫大な投資をしてもらえるような魅力的な機体を開発しなければならない.一方,運行会社にとっても他社との競争であるから,事業を有利に展開するためには性能の良い機体はどうしても欲しいわけである.それに見合う機体が開発できれば需要は十分あると考えられる.

さて,本章では設計の手順を示すのが目的であるので,例題としては既存機

表 5.1-1 初期形状パラメータ

〈主翼〉
　翼面積 $S=511$ (m^2),　　後退角 $\Lambda_{LE}=42°$,
　テーパ比 $\lambda=0.32$,　　翼幅 $b=59.6$ (m),
　上反角 $\Gamma=4.5°$
〈水平尾翼〉
　翼面積 $S''=135$ (m^2),　　後退角 $\Lambda''=43°$,
　テーパ比 $\lambda''=0.28$,　　翼幅 $b''=22.0$ (m),
　上反角 $\Gamma''=8.0°$
〈垂直尾翼〉
　翼面積 $S_V=152$(m^2),　　後退角 $\Lambda_V=51°$,
　テーパ比 $\lambda_V=0.3$,　　翼幅 $b_V=13.5$ (m)
〈胴体〉
　胴体長 $L_B=68.6$ (m),　　胴体径 $d=6.5$ (m)
〈その他〉
　アスペクト比 $A=b^2/S=6.95$

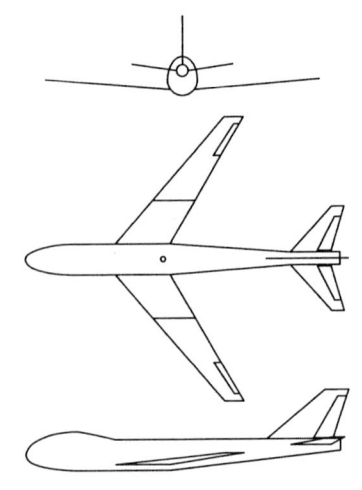

図 5.1-2 初期形状 3 面図

を参考にして次のような初期形状を設定してみる（表 5.1-1 および図 5.1-2）．

ここに示した初期形状のパラメータは，実際の大型旅客機の形状からその概略値を求めたものである．この初期の形状が，飛行性能要求値によってどのように変化するかを以下で見てみよう．

5.1.2　巡航開始時の重量比および推力比

離陸後，高度 36,000 ft まで上昇し，マッハ数 $M=0.85$ まで加速して，巡航飛行開始の飛行条件に達するまでに約 5% の燃料を使うと仮定する．また，巡航飛行において効率が良い高度は約 36,000 ft であるが，エンジン性能は高空において低下する．この値はエンジンメーカの性能値によるものであるが，36,000 ft での推力は地上での最大離陸推力の 25% に低下すると仮定する（図 5.1-3）．

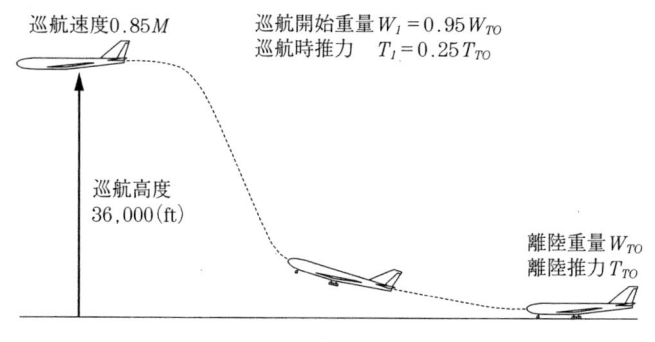

巡航速度 $0.85M$
巡航開始重量 $W_1 = 0.95 W_{TO}$
巡航時推力　$T_1 = 0.25 T_{TO}$
巡航高度 36,000(ft)
離陸重量 W_{TO}
離陸推力 T_{TO}

図 5.1-3　巡航開始時の状態

すなわち，次のように置く．

$$\frac{W_1}{W_{TO}} = 0.95 \text{（巡航開始時重量比）}$$

$$\frac{T_1}{T_{TO}} = 0.25 \text{（巡航開始時推力比）}$$

なお，エンジンの燃費も $b_J=0.6$ (kgf/h) と仮定する．

5.1.3 巡航飛行における空力係数

問 5.1-3

巡航飛行における空力係数の推算

次に，巡航飛行に関する性能要求を満足する条件を検討していく．初期形状データを用いて検討に必要な空力係数を推算するが，その空力係数とは何か，またどのように推算するのか述べよ．

図 5.1-4 は，巡航飛行における力の関係式である．エンジン推力 T と抗力 D が釣り合い，揚力 L と重量 W が釣り合うという非常に簡単な式である．しかし，問題はいかに効率的に飛ぶかである．それには，抗力と揚力がどのように発生するのかについて詳細に検討する必要がある．第2章および第4章で述べたように，抗力および揚力は図 5.1-4 に示す関係式で表される．抗力 D は重量 W に比例し，揚抗比 (C_L/C_D) に逆比例する．この抗力に等しいエンジン推力が必要であるから，重量を小さくして揚抗比を大きくする工夫が重要となる．揚抗比を大きくするためには，同じ揚力に対して抗力を小さくすることであるが，ここに重要な役割を演じるのが有害抗力係数 C_{D_0} と誘導抗力の比例

揚力 $L = \frac{1}{2}\rho V^2 S C_L$

誘導抗力 $D_i = \frac{1}{2}\rho V^2 S k C_L^2$

エンジン推力 T

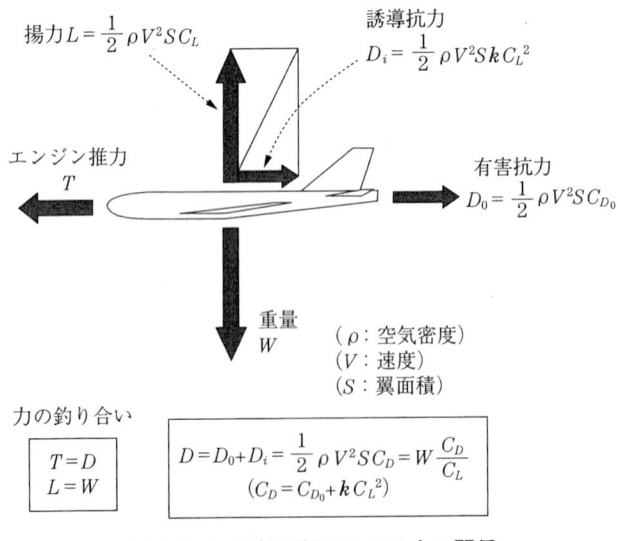

有害抗力 $D_0 = \frac{1}{2}\rho V^2 S C_{D_0}$

重量 W

(ρ：空気密度)
(V：速度)
(S：翼面積)

力の釣り合い
$T = D$
$L = W$

$D = D_0 + D_i = \frac{1}{2}\rho V^2 S C_D = W \frac{C_D}{C_L}$
($C_D = C_{D_0} + k C_L^2$)

図 5.1-4 巡航飛行における力の関係

5.1 飛行性能を満足する推力重量比と翼面荷重

係数 k である．

　この概念設計段階ではまだ開発が正式にスタートしていないので，模型を用いた高価な風洞試験は行われないのが普通である．したがって，有害抗力係数 C_{D_0} および誘導抗力の比例係数 k の推算は，第一段階として統計データを用いた推算方法[12]が行われることが多い．

　この統計データは，これまでに開発された機体や研究された形状の膨大なデータで構成されており，機体形状が同じようなタイプであればかなり良い精度で推算できる．また，最近では機体全体を細かくメッシュに分割して近似解を求める数値流体力学または計算流体力学（CFD；Computational Fluid Dynamics）と言われる直接的解法も利用されるようになってきている．ただし，このCFDの計算はかなり大変な作業であることと，その結果の精度について明らかにされていない点も多いため，風洞試験によるデータをなるべく早い時点で実施することが望ましい．

　ここでは，統計データを用いた方法により推算し，次の結果を得た．この場合，揚抗比は15以上あり，揚力に対して抗力は1/15以下となる．

$$
\begin{array}{ll}
\text{有害抗力係数} & C_{D_0}=0.0201 \\
\text{誘導抗力の比例係数} & k=0.0512 \\
\text{抗力係数} & C_D=0.0415 \\
\text{揚抗比} & C_L/C_D=15.6
\end{array}
$$

　旅客機にとっては，巡航飛行をいかに効率的に飛ぶかが重要である．離着陸はたかだか10〜20分であるが，巡航飛行は10時間，あるいは15時間も飛び続けるので，少しの性能差が効いてくる．したがって，なるべく小さな機体（重量小）で，たくさんのお客を目的地まで運ぶ（航続距離大）にはどうしたらよいかという問題を次に考えていく．

5.1.4 航続距離最大条件から決まる推力重量比

問 5.1-4

航続距離最大条件と必要推力
　航続距離が最大となる条件での必要推力を，離陸時推力に換算した式について述べよ．

　4.1 節の結果から，巡航飛行において，VC_L/C_D が最大のとき航続距離 R が最大となり，この条件での巡航飛行を可能とする推力重量比（離陸時に換算）が 4.4 節の結果から図 5.1-5 のようになる．

$$R = 3.6 \frac{V}{b_J} \cdot \frac{C_L}{C_D} \ln \frac{1}{1 - W_{fuel}/W_1}$$

$$V \frac{C_L}{C_D} \text{ 最大条件}$$

$$\left(\frac{T}{W}\right)_{TO} \geq \frac{3}{\sqrt{2}} \sqrt{kC_{D_0}} \cdot \frac{W_1/W_{TO}}{T_1/T_{TO}}$$

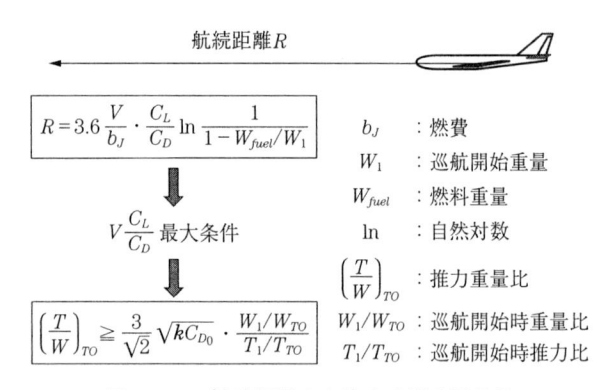

- b_J ：燃費
- W_1 ：巡航開始重量
- W_{fuel} ：燃料重量
- $\ln$ ：自然対数
- $\left(\frac{T}{W}\right)_{TO}$ ：推力重量比
- W_1/W_{TO} ：巡航開始時重量比
- T_1/T_{TO} ：巡航開始時推力比

図 5.1-5　航続距離から決まる推力重量比

このときの推力重量比を計算してみると次のようになる．

$$\left(\frac{T}{W}\right)_{TO} \geq \frac{3}{\sqrt{2}} \sqrt{kC_{D_0}} \cdot \frac{W_1/W_{TO}}{T_1/T_{TO}} = \frac{3}{\sqrt{2}} \sqrt{0.0512 \times 0.0201} \times \frac{0.95}{0.25}$$
$$= 0.259$$

　すなわち，巡航飛行の条件から，離陸重量 W_{TO} に対して約 26% 以上の離陸推力 T_{TO} が必要との結果が得られる．

5.1.5 巡航飛行での使用燃料

問 5.1-5

航続距離を満足する必要燃料
航続距離 R の飛行に要する燃料を求める式について述べよ．

航続距離 R の飛行に要する燃料は，4.3節の結果から，巡航開始時重量 W_1 と巡航終了時重量 W_2 の比として図 5.1-6 のように得られる．

航続距離 R

$$R = 3.6 \frac{V}{b_J} \cdot \frac{C_L}{C_D} \ln \frac{1}{1 - W_{fuel}/W_1}$$

重量比

$$\frac{W_2}{W_1} = e^{-\frac{R \cdot b_J}{3.6 V \cdot (C_L/C_D)}}$$

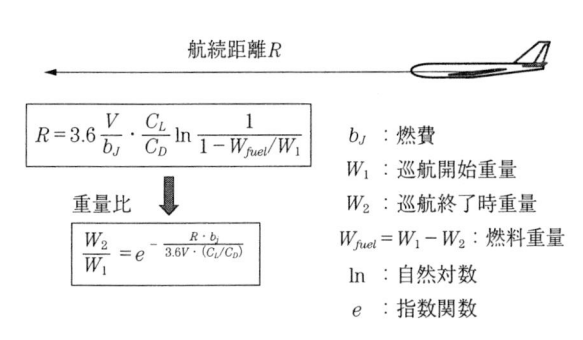

b_J ：燃費
W_1 ：巡航開始重量
W_2 ：巡航終了時重量
$W_{fuel} = W_1 - W_2$ ：燃料重量
$\ln$ ：自然対数
e ：指数関数

図 5.1-6　航続距離から決まる推力重量比

このときの重量比を計算してみると次のようになる．

$$\frac{W_2}{W_1} = e^{-\frac{R \cdot b_J}{3.6 V \cdot (C_L/C_D)}} = e^{-\frac{12000 \times 0.6}{3.6 \times 251 \times 15.6}} = 0.599$$

$$\therefore \ W_{fuel} = W_1 - W_2 = 0.401 \, W_1$$

すなわち，航続距離 12,000（km）を飛行したときの重量 W_2 は，巡航開始時の重量 W_1 の約 60% に減少するので，必要燃料は W_1 の約 40% である．

5.1.6 離陸から着陸までの全使用燃料

巡航が終了すると，この後は降下・着陸であるが，この間に消費する燃料は多くないので，ここでは図 5.1-7 に示すように巡航終了時重量 W_2 を着陸重量と仮定する．

このとき，上記 5.1.2 および 5.1.5 の結果から，離陸重量 W_{TO} に対する着陸重量 W_{LD} の比は次式で表される．

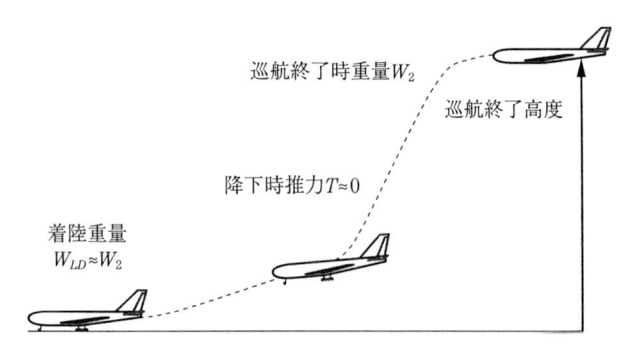

図 5.1-7 降下・着陸による重量変化

$$\frac{W_{LD}}{W_{TO}} = \frac{W_1}{W_{TO}} \cdot \frac{W_2}{W_1} \cdot \frac{W_{LD}}{W_2} = 0.95 \times 0.599 \times 1 = 0.57$$

（離陸重量 W_{TO}，巡航開始 W_1，巡航終了 W_2，着陸重量 W_{LD}）

したがって，離陸から着陸までに使用する燃料は

$$\frac{W_{fuel}}{W_{TO}} = 1 - \frac{W_{LD}}{W_{TO}} = 1 - 0.57 = 0.43$$

となる．すなわち，使用燃料は離陸重量の 43% である．

5.1.7 着陸滑走距離と最大揚力係数

次に，着陸飛行について考える．着陸はパイロットにとって最も難しい操縦となる．滑走路手前の定位置に着地しないと滑走路が足りなくなる危険があり，

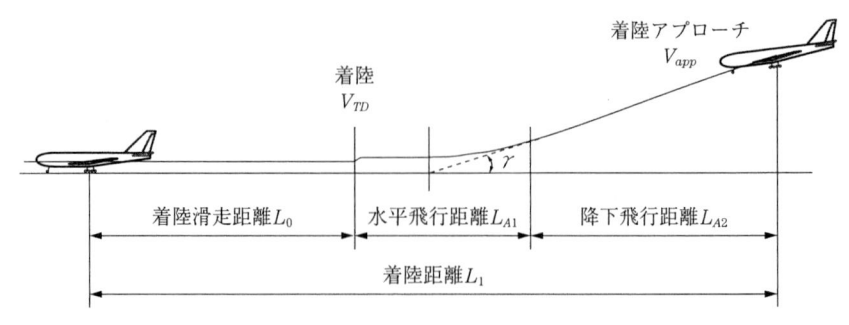

図 5.1-8 着陸経路図

また横風がある場合は特に難しい操縦となる（**図5.1-8**）．定位置に着陸するには着陸速度が低い方がよいが，一方，着陸速度が小さくなると操縦性が悪くなる傾向がある．ところが幸いなことに，低速の操縦性は抗力を増すと良くなる傾向がある．着陸飛行では抗力を増やしても推力が不足することはないので，高揚力装置を最大限に使うことができる．また，着陸用に脚を出すことも抗力増加に大きく貢献する．

問 5.1-6

着陸滑走路長と滑走距離

着陸滑走路長を2,000 mとすると，実際に滑走する距離（滑走距離）はどの程度以下である必要があるか述べよ．

4.11節で述べたように，着陸滑走距離 L_0（実際に滑走する距離）の1.5倍を着陸距離 L_1 とし，L_1 を安全率0.6で割った値を着陸滑走路長 L_d（性能要求値）と仮定する．すなわち，本例題では $L_d=2000$ m であるから，次のようになる．

$$L_0 = \frac{0.6\,L_d}{1.5} = \frac{0.6 \times 2000}{1.5} = 800 \text{ (m)}$$

問 5.1-7

着陸滑走距離

着陸滑走距離を短くするにはどうしたらよいか述べよ．

着陸滑走距離 L_0 は，4.10節の結果から**図5.1-9**のように得られる．すなわち，L_0 は着陸時の運動エネルギーをブレーキ力で仕事をする距離として近似される．L_0 を小さくするには，最大揚力係数 $C_{L_{max}}$ を大きく（これは着陸速度を下げることに対応）し，翼面荷重 W/S を小さくすることである．

第5章 飛行機設計の具体的手順

$$L_0 = \frac{V_{TD}^2}{\mu \cdot 2g}$$

$$V_{TD} = 1.15 V_S = 1.15 \sqrt{\frac{2}{\rho_0 C_{L\max}} \cdot \frac{W}{S}}$$

$$L_0 = \frac{1.08}{\mu C_{L\max}} \cdot \frac{W}{S}$$

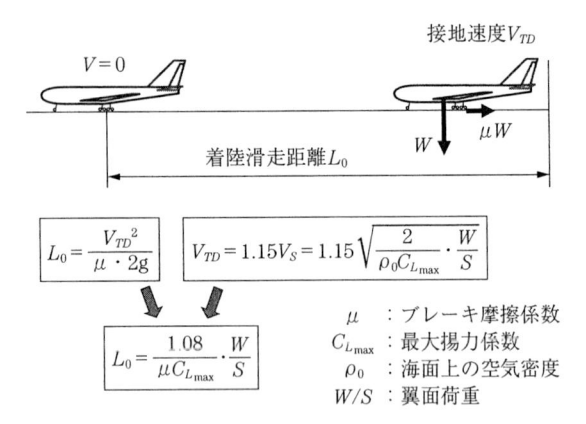

μ ：ブレーキ摩擦係数
$C_{L\max}$ ：最大揚力係数
ρ_0 ：海面上の空気密度
W/S ：翼面荷重

図 5.1-9　着陸滑走距離

問 5.1-8

着陸時の最大揚力係数

着陸時の最大揚力係数を大きくするための工夫について述べよ．

着陸時の最大揚力係数 $C_{L\max}$ を大きくするために，主翼の前縁および後縁にフラップと呼ばれる高揚力装置が装着される．図 5.1-10 に後縁フラップの例を示す．

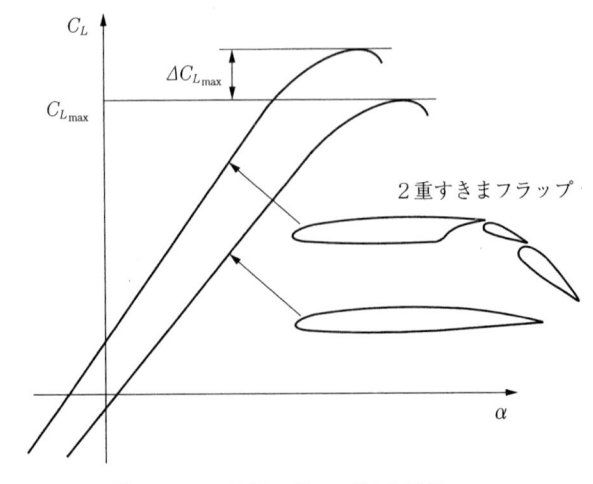

図 5.1-10　後縁フラップ付き翼の $C_{L\max}$

設定した初期形状のデータを元に，着陸時の最大揚力係数を推算する．ここでは，最大揚力係数を $C_{L_{\max}} = 2.15$ とする．

5.1.8 着陸滑走路長から決まる翼面荷重

> **問 5.1-9**
>
> **着陸滑走距離と翼面荷重**
> 着陸滑走距離を与えられ値以下にするための翼面荷重との関係について述べよ．

着陸滑走路長 L_d が与えられると，着陸滑走距離 L_0 が決まる．4.11 節に示したように，この L_0 の値を満足するための翼面荷重 $(W/S)_{TO}$（ただし離陸時に換算した値）が図 5.1-11 のように得られる．

$$L_0 = \frac{1.08}{\mu C_{L_{\max}}} \cdot \frac{W}{S}$$

$$\left(\frac{W}{S}\right)_{TO} \leq \frac{\mu C_{L_{\max}}}{1.08} L_0 \cdot \frac{1}{W_{LD}/W_{TO}}$$

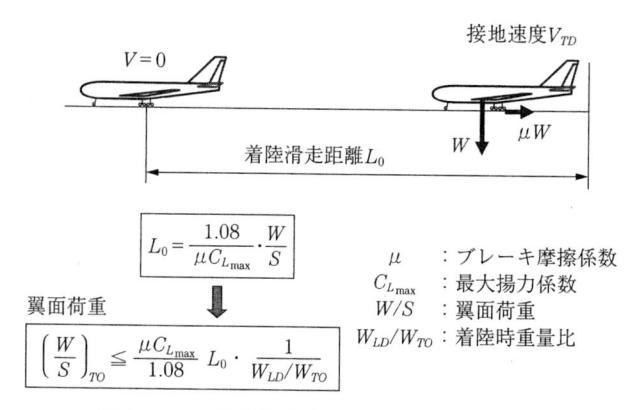

μ ：ブレーキ摩擦係数
$C_{L_{\max}}$ ：最大揚力係数
W/S ：翼面荷重
W_{LD}/W_{TO} ：着陸時重量比

図 5.1-11 着陸滑走路長から決まる翼面荷重

本例題の場合，実際に計算すると翼面荷重は次のようになる．

$$\left(\frac{W}{S}\right)_{TO} \leq \frac{\mu C_{L_{\max}}}{1.08} L_0 \cdot \frac{1}{W_{LD}/W_{TO}}$$

$$= \frac{0.3 \times 2.15}{1.08} \times 800 \times \frac{1}{0.57} = 837 \ (\text{kgf/m}^2)$$

すなわち，着陸滑走路長の要求を満足するためには，離陸時の翼面荷重を

837（kgf/m²）以下にする必要がある．

5.1.9　接地速度から決まる翼面荷重

問 5.1-10

接地速度と翼面荷重

接地速度を与えられた値以下にするための翼面荷重との関係について述べよ

第5章で述べたように，着陸性能を着陸滑走路長の要求だけで機体を決めてしまうと，十分に長い滑走路の場合には，着陸接地速度が非常に大きくなって操縦が難しくなる可能性がある．そこで，接地速度の上限も要求しておく必要がある．

第5の結果から，着陸接地速度 V_{TD} が与えられた場合に，翼面荷重 W/S が満たすべき関係式が図5.1-12のように得られる．

$$V_{TD} = 1.15 V_S = 1.15 \sqrt{\frac{2}{\rho_0 C_{L_{\max}}} \cdot \frac{W}{S}}$$

翼面荷重 ⇩

$$\left(\frac{W}{S}\right)_{TO} \leq 0.0472 V_{TD}^2 C_{L_{\max}} \cdot \frac{1}{W_{LD}/W_{TO}}$$

$C_{L_{\max}}$ ：最大揚力係数
ρ_0 ：海面上の空気密度
V_s ：失速速度
W_{LD}/W_{TO} ：着陸時重量比

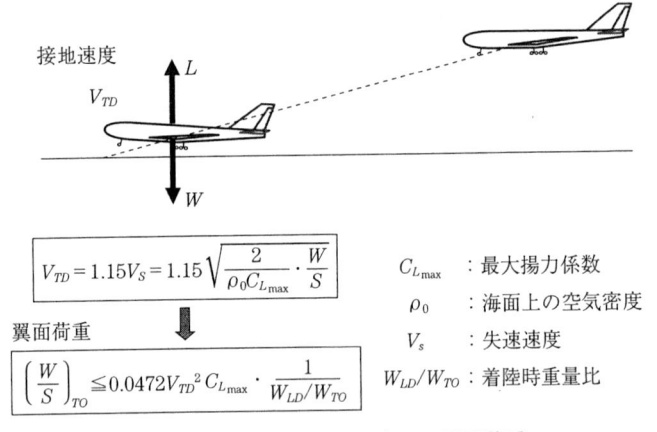

図 5.1-12　接地速度から決まる翼面荷重

本例題の場合，実際に計算すると翼面荷重は次のようになる．

$$\left(\frac{W}{S}\right)_{TO} \leq 0.0472 \, V_{TD}^2 C_{L_{\max}} \cdot \frac{1}{W_{LD}/W_{TO}}$$

$$= 0.0472 \times 66.9^2 \times 2.15 \times \frac{1}{0.57} = 797 \; (\mathrm{kgf/m^2})$$

　すなわち，着陸接地速度の要求を満足するためには，離陸時に換算した翼面荷重を797（kgf/m²）以下にする必要がある．この接地速度から得られた翼面荷重と，上記5.1.8の着陸滑走路長から得られた翼面荷重の両方を満足するための翼面荷重は，接地速度要求の方が評定となり，$(W/S)_{TO} \leq 797$（kgf/m²）となる．

5.1.10　離陸飛行時の最大揚力係数

　滑走路内で安全に離陸するには，なるべく早く離陸速度に達することが必要である．それにはフラップなどを用いて最大揚力係数を大きくして，離陸速度の設定を小さくしておくのがよい．ただし，あまりフラップ角を大きくすると抗力が大きくなり，離陸後の加速が悪くなるので離陸時のフラップ角は適度な値に設定する必要がある（図5.1-13）．

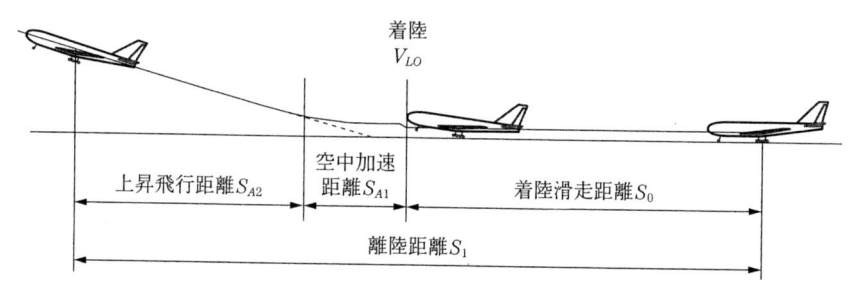

図 5.1-13　離陸経路図

　離陸用の高揚力装置（フラップなど）を決め，設定した初期形状のデータを元に，離陸時の最大揚力係数を推算する．ここでは，最大揚力係数を$C_{L_{\max}} = 1.74$とする．

5.1.11 離陸滑走路長から決まる推力重量比

問 5.1-11

離陸滑走路長と滑走距離
　着陸滑走路長を3,000 mとすると，実際に滑走する距離（滑走距離）はどの程度以下である必要があるか述べよ．

　第4章で述べたように，離陸滑走距離 s_0（実際に滑走する距離）の1.5倍を離陸距離 s_1 とし，s_1 に安全率1.15を掛けた値を離陸滑走路長 s_{TO}（性能要求値）と仮定する．すなわち，本例題では $s_{TO}=3,000$ m であるから，次のようになる．

$$s_0 = \frac{s_{TO}}{1.5 \times 1.15} = \frac{3,000}{1.5 \times 1.15} = 1,740 \text{ (m)}$$

問 5.1-12

離陸滑走距離
　離陸滑走距離を短くするにはどうしたらよいか述べよ．

　離陸滑走距離 s_0 は，第4章の結果から**図 5.1-14** のように得られる．すなわち，s_0 は静止状態から離陸時の運動エネルギーを得るまでエンジン推力が仕事をする距離として近似される．s_0 を小さくするには，最大揚力係数 $C_{L\max}$ を大

$$s_0 = \frac{W}{T \cdot 2g} V_{LO}^2 \qquad V_{LO} = 1.1 V_S = 1.1 \sqrt{\frac{2}{\rho_0 C_{L\max}} \cdot \frac{W}{S}}$$

$$s_0 = \frac{1.1^2}{\rho_0 g} \cdot \frac{1}{C_{L\max}} \cdot \frac{W/S}{T/W}$$

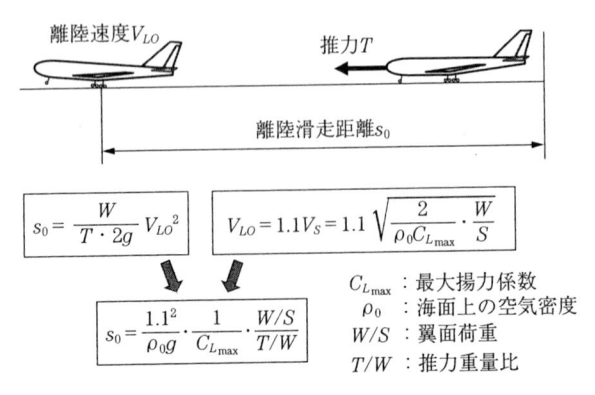

$C_{L\max}$：最大揚力係数
ρ_0：海面上の空気密度
W/S：翼面荷重
T/W：推力重量比

図 5.1-14　離陸滑走距離

きく（これは離陸速度を下げることに対応）し，翼面荷重 W/S を小さくし，更に推力重量比 T/W を大きくすることである．

問 5.1-13

離陸滑走距離と推力重量比

離陸滑走距離を与えられた値以下にするための推力重量比との関係について述べよ．

離陸滑走距離 s_0 を満足するための推力重量比 T/W は，上記 5.1.9 で求まった翼面荷重 W/S を用いて**図 5.1-15** のように得られる．

$$s_0 = \frac{1.1^2}{\rho_0 g} \cdot \frac{1}{C_{L_{\max}}} \cdot \frac{W/S}{T/W}$$

$$\left(\frac{T}{W}\right)_{TO} \geq \frac{0.989}{s_0 C_{L_{\max}}} \cdot \left(\frac{W}{S}\right)_{TO}$$

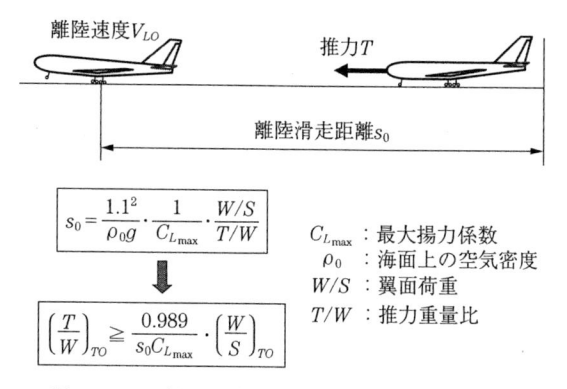

$C_{L_{\max}}$ ：最大揚力係数
ρ_0 ：海面上の空気密度
W/S ：翼面荷重
T/W ：推力重量比

図 5.1-15　離陸滑走路長から決まる推力重量比

本例題の場合，実際計算すると推力重量比 T/W が次のように得られる．

$$\left(\frac{T}{W}\right)_{TO} \geq \frac{0.989}{s_0 C_{L_{\max}}} \cdot \left(\frac{W}{S}\right)_{TO} = \frac{0.989}{1740 \times 1.74} \times 797 = 0.260$$

すなわち，離陸滑走路長の要求を満足するためには，離陸時の推力を離陸重量の 26% 以上にする必要がある．

一方，上記 5.1.4 の航続距離から決まる推力重量比は 0.259 以上であったから，ここで求めた離陸滑走路長による推力重量比の方が評定となり，$(T/W)_{TO} \geq 0.260$ となる．

5.1.12 性能要求値を満足する推力重量比と翼面荷重（まとめ）

問 5.1-14

飛行性能と推力重量比および翼面荷重

航続距離，離陸滑走路長，着陸滑走路長および着陸接地速度の飛行性能要求値を満足する推力重量比と翼面荷重との関係について述べよ．

上記で求めた，性能要求値を満足する推力重量比と翼面荷重との関係を図示すると，**図 5.1-16** のようになる．

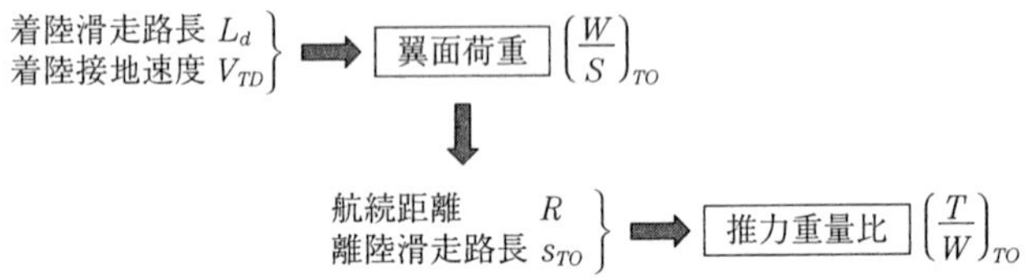

$$\left.\begin{array}{l}\text{着陸滑走路長 } L_d \\ \text{着陸接地速度 } V_{TD}\end{array}\right\} \Rightarrow \boxed{\text{翼面荷重}}\ \left(\dfrac{W}{S}\right)_{TO}$$

$$\Downarrow$$

$$\left.\begin{array}{l}\text{航続距離 } \quad R \\ \text{離陸滑走路長 } s_{TO}\end{array}\right\} \Rightarrow \boxed{\text{推力重量比}}\ \left(\dfrac{T}{W}\right)_{TO}$$

図 5.1-16　性能要求値と推力重量比および翼面荷重との関係

本例題では，上記 5.1.2〜5.1.11 に示したように次の値となった．

$$\left(\dfrac{W}{S}\right)_{TO} = 797\ (\text{kgf/m}^2),\quad \left(\dfrac{T}{W}\right)_{TO} = 0.260\ (-)$$

ここで得られた結果は，離陸重量に対する比の値であるから，まだ機体の規模（重量，推力，大きさ）は明らかではない．次節では，離陸重量を推定して機体規模を決めていく．

5.2　機体規模の決定

前節において，性能要求値を満足する推力重量比 $(T/W)_{TO}$ および翼面荷重 $(W/S)_{TO}$ が得られた．実際の機体規模（重量，推力，大きさ）を決めるには，離陸重量 W_{TO} を推算する必要がある．W_{TO} が求まれば，$(T/W)_{TO}$ から必要推力 T が，また $(W/S)_{TO}$ から主翼面積 S を決めることができる．

5.2.1 離陸重量の内訳

> **問 5.2-1**
>
> **離陸重量の内訳**
>
> 離陸重量はどのような要素で構成されるか，その内訳を説明せよ．

離陸重量 W_{TO} は，図 5.2-1 のような重量から成る．その中で，ペイロードおよび乗員・乗客重量 W_{fixed} は，要求値として与えられているので一定である．

離陸重量 W_{TO} の内訳

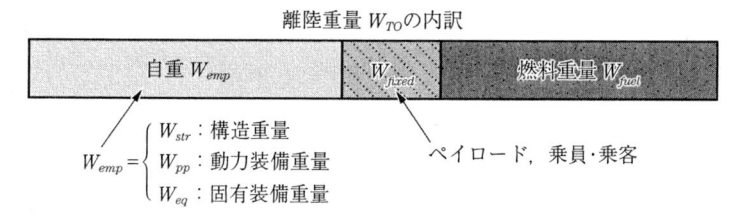

$$W_{emp} = \begin{cases} W_{str} : 構造重量 \\ W_{pp} : 動力装備重量 \\ W_{eq} : 固有装備重量 \end{cases}$$

図 5.2-1 離陸重量の内訳

5.2.2 離陸重量の推算

離陸重量 W_{TO} の中で，燃料重量比 W_{fuel}/W_{TO} については，5.1.6 から得られた値に約 6% の余裕を取ると，次のように与えられる．

$$\frac{W_{fuel}}{W_{TO}} = 1.06\left(1 - \frac{W_{LD}}{W_{TO}}\right) = 1.06 \times (1 - 0.57) = 0.46$$

（燃料重量 W_{fuel}，離陸重量 W_{TO}，着陸重量 W_{LD}）

また，ペイロードおよび乗員・乗客重量 W_{fixed} は，要求値として $W_{fixed}=45$ (t) が与えられている．

> **問 5.2-2**
>
> **離陸重量の決定**
>
> 離陸重量はどのように決めていくか，その手順について説明せよ．

機体規模を決めるためには，離陸重量を決める必要があるが，離陸重量は図 5.2-2 に示す手順で決める．

第5章 飛行機設計の具体的手順

$$W_{TO} = W_{emp} + W_{fixed} + W_{fuel}$$

$\begin{pmatrix} W_{TO}：離陸重量, & W_{fixed}：ペイロード, 乗員・乗客重量 \\ W_{emp}：自重, & W_{fuel}：燃料重量 \end{pmatrix}$

$$\frac{W_{emp}}{W_{TO}} = 1 - \frac{W_{fixed}}{W_{TO}} - \frac{W_{fuel}}{W_{TO}}$$

要求値／推算済み ← 離陸重量の初期値 W_{TO}

↓

自重比の解析値 $\left(\dfrac{W_{emp}}{W_{TO}}\right)_{解析値}$

↓

修正計算 No ← $\left(\dfrac{W_{emp}}{W_{TO}}\right)_{解析値} \geqq \left(\dfrac{W_{emp}}{W_{TO}}\right)_{統計値}$ ← 自重比の統計値 $\left(\dfrac{W_{emp}}{W_{TO}}\right)_{統計値}$

↓ Yes

離陸重量 W_{TO} 決定

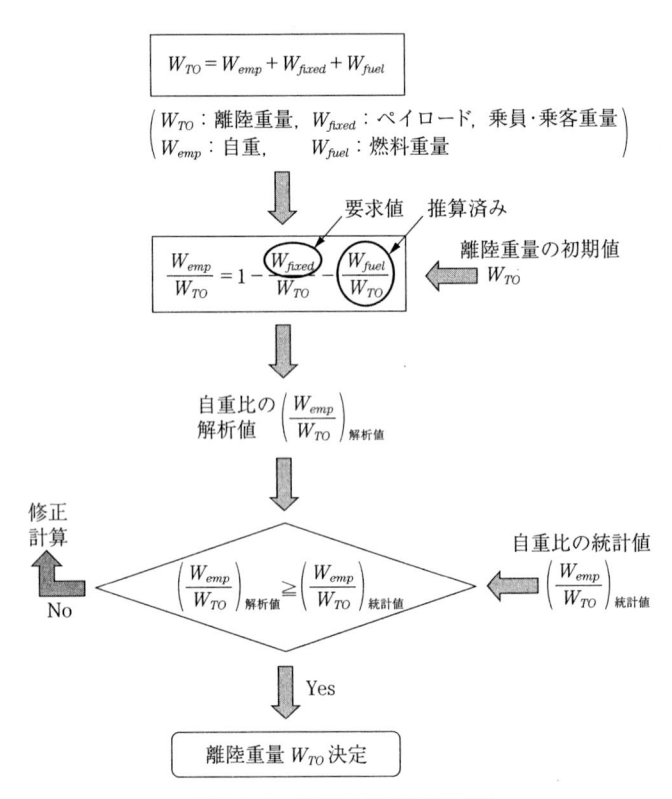

図 5.2-2　離陸重量の決定手順

本例題について具体的に計算してみよう．図 5.2-2 から，自重比 W_{emp}/W_{TO} が次のようになる．

$$\frac{W_{emp}}{W_{TO}} = 1 - \frac{W_{fixed}}{W_{TO}} - \frac{W_{fuel}}{W_{TO}} = 1 - \frac{45}{W_{TO}} - 0.46 = 0.54 - \frac{45}{W_{TO}}$$

この式の右辺は離陸重量 W_{TO} の関数であり，離陸重量が大きくなると自重比が大きくなる．すなわち，離陸重量が大きくなると，ペイロードおよび乗員・乗客重量の割合が小さくなるので，相対的に自重の占める割合が大きくなる．そこで，いま離陸重量の初期値として，$W_{TO}=380$（t）と仮定してみる．このとき，自重比は次のようになる．

$$\frac{W_{emp}}{W_{TO}} = 0.54 - \frac{45}{W_{TO}} = 0.54 - \frac{45}{380} = 0.42 \quad (W_{TO} = 380\,\text{t のときの解析値})$$

すなわち，構造重量，動力装備重量および固有装備重量から成る自重 W_{emp} を，離陸重量の 42% で製造する必要がある．しかし，自重の値を下げることは簡単ではない．実際に運用されている機体の実績値（統計値）から大きく下げた値を採用すると，製造時に重量オーバーとなるリスクを伴う．したがって，離陸重量を仮定して求めた上記の自重比 W_{emp}/W_{TO}（解析値）が，統計値と比較して同等以上になるように離陸重量を決めておくことが必要である．もちろん，新しい材料などを用いて構造重量を大幅に軽減できることが確実である場合には，自重を統計値よりも下げることは問題ない．

問 5.2-3

製造可能な自重比

解析で得られた得られた自重比 W_{emp}/W_{TO} が統計値よりも小さい場合，どうしたらよいか述べよ．

自重比 W_{emp}/W_{TO} の統計値は，一般的に離陸重量が大きい程小さくなる傾向がある．これに対して，解析値は離陸重量が大きい程大きくなるため，もし設定した離陸重量の解析値が統計値よりも小さくなった場合は，**図 5.2-3** に示すように離陸重量を増加することにより成立する解を得ることができる．

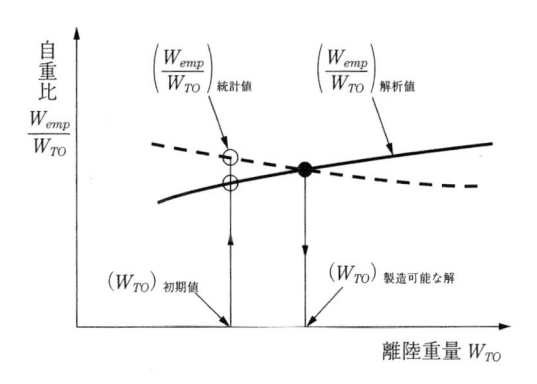

図 5.2-3 離陸重量 W_{TO} の解

本例題の場合，離陸重量 $W_{TO}=380$ t で自重比の統計値を満足する解が得られた．

5.2.3 離陸推力と主翼面積の決定

問 5.2-4

離陸推力と主翼面積
　離陸重量が決定されたとき，離陸推力と主翼面積はどのように得られるか述べよ．

上記 5.2.2 で離陸重量 W_{TO} が決まったので，5.1 節で求めた推力重量比 $(T/W)_{TO}$ および翼面荷重 $(W/S)_{TO}$ を用いて，離陸推力 T と主翼面積 S を図 5.2-4 のように求めることができる．離陸推力を小さくできれば小さなエンジンで済み，また主翼面積を小さくできれば機体を小さくできる．

本例題の場合，離陸重量 $W_{TO}=380$ t を用いて実際に計算すると，離陸推力および主翼面積が次のように得られる．

$$T = \left(\frac{T}{W}\right)_{TO} \cdot W_{TO} = 0.260 \times 380 = 99 \text{ (t)}$$

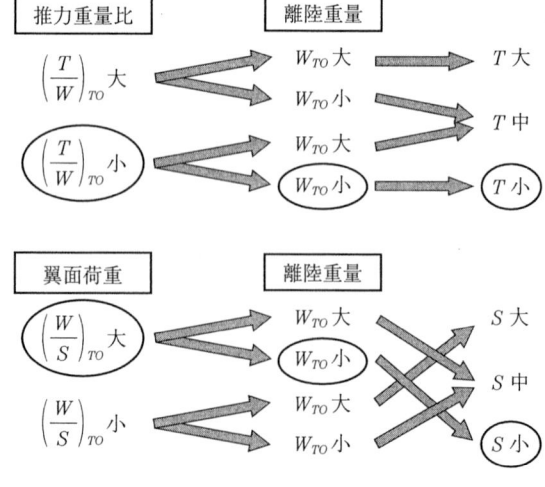

図 5.2-4　離陸推力と主翼面積の決定

$$S = \frac{W_{TO}}{(W/S)_{TO}} = \frac{380000}{797} = 477 \ (\mathrm{m}^2)$$

5.2.4 主翼平面形状の決定

主翼面積 S が決まったので，次は主翼の平面形状を決めていく．本書で扱う概念設計フェーズにおいては，主翼は図 5.2-5 のように直線翼で近似する．このとき，主翼平面形に関するパラメータとしては，図に示したものの他に，アスペクト比（縦横比）$A = b^2/S$ がある．このアスペクト比は主翼の空力特性に最も影響を与えるパラメータである．

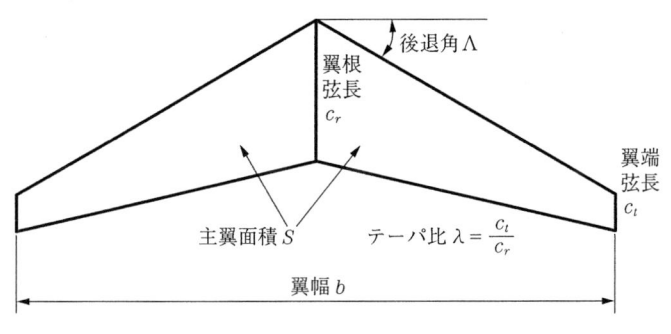

図 5.2-5 主翼の平面形状

本例題の場合，初期形状の値を用いてアスペクト比を計算すると次のようである．

$$A = \frac{b^2}{S} = \frac{59.6^2}{511} = 6.95 \quad (\text{翼幅 } b, \text{ 主翼面積 } S)$$

問 5.2-5

主翼形状の変更

上記 5.2.3 において，性能要求を満足する結果として，主翼面積 S が初期値よりもやや小さめな値に変化した．このように主翼面積が変化したときに，主翼形状はどのような形に変更したらよいかを述べよ．

翼面積が変化した場合，翼形状はどのように変化させたらよいか，例として

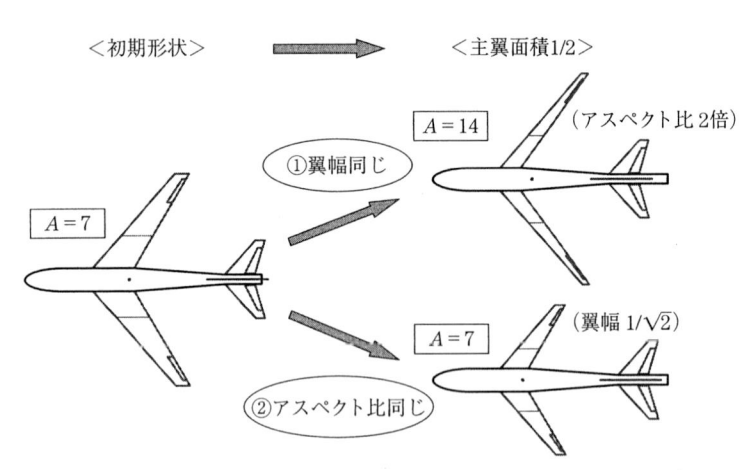

図 5.2-6　主翼面積減少による主翼形状変化例

図5.2-6に示すように，主翼面積が1/2になった場合を考えてみよう．①は翼幅を同じとした場合，②はアスペクト比を同じにした場合である．

①の方法はアスペクト比（縦横比）が変化するので機体の初期形状のイメージとは違ったものとなってしまう．もちろん，アスペクト比が変化することはイメージだけではなく，主翼の空力的特性も変化するので，性能要求値を満たすかどうかを再計算する必要がある．

これに対して，②の方法はアスペクト比が変化しないので，主翼に関しては初期の形状のイメージと同じであり，空力的特性も胴体や尾翼との関係を調整すればほとんど変化せず，性能要求値も満足したものが得られる．したがって，主翼面積の変化に対しては，②のアスペクト比を変えない方法により主翼形状を設定するのがよい．

本例題の場合，アスペクト比 $A=6.95$ を同じとして翼幅を計算すると次のようになる．

$$b = \sqrt{AS} = \sqrt{6.95 \times 477} = 57.6 \text{ (m)}$$

すなわち，主翼面積が 511 m² から 477 m² に減少したことにより，翼幅も 59.6 m から 57.6 m に小さくなっている．

問 5.2-6

主翼形状が相似形となる条件

主翼面積が変化した場合に,主翼平面形の形状パラメータを変化させることになるが,形状を相似形に保つための条件について述べよ.

主翼のテーパ比(先細比)$\lambda = c_t/c_r$ の値も,主翼の空力特性を変化させるパラメータの1つである.アスペクト比 A が大きい(細長い)翼の場合は,荷重的に辛くなるのでテーパ比 λ を小さくした翼が使用されるが,1.2節で示したように,アスペクト比が同じでテーパ比を変化させると,主翼のイメージも変わったものとなるので,テーパ比 λ も変えない方がよい.本例題の場合はテーパ比は変えず,$\lambda = 0.32$ である.

図 5.2-7 に示すように,アスペクト比 A とテーパ比 λ を同じにすると,翼根弦長 c_r および翼端弦長 c_t が翼幅 b と同じ倍率で変化する.このとき,主翼の後退角 Λ も同じにすると,主翼面積 S が変化しても主翼形状は初期形状と相似形となり,当初設定した初期形状のイメージのままで,性能要求を満足する機体が得られる.なお,後退角は機体の高速化のために必要であり,当初設定した後退角は維持するのがよい.本例題の場合は $\Lambda_{LE} = 42°$ である.ここで,Λ_{LE} の添字 LE は前縁の後退角であることを示す.

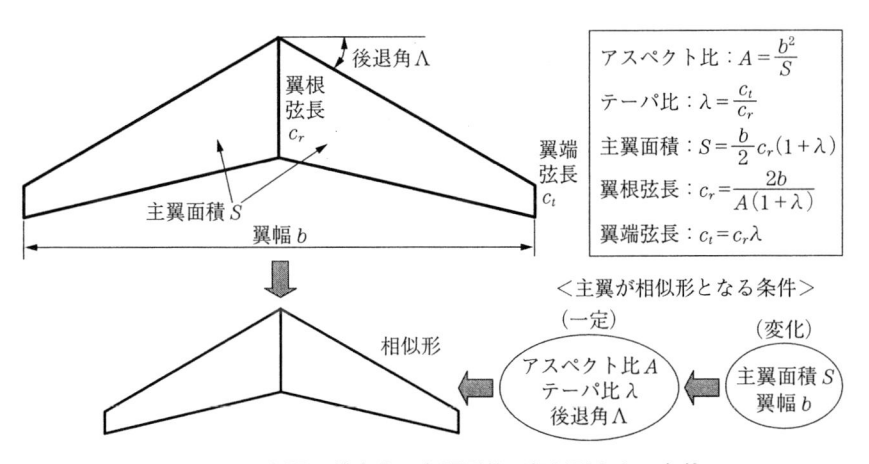

図 5.2-7 主翼面積変化で主翼形状が相似形となる条件

表 5.2-1　初期形状からの変化

〈主翼〉
　翼面積 S =511（m^2）　　⇒　477（m^2）
　翼幅 b =59.6（m）　　　⇒　57.6（m）
　（後退角 Λ_{LE}=42°，テーパ比 λ=0.32，上反角 Γ=4.5° は不変）

〈水平尾翼〉
　翼面積 S'' =135（m^2）　　⇒　126（m^2）
　翼幅 b'' =22.0（m）　　　⇒　21.2（m）
　（後退角 Λ''=43°，テーパ比 λ''=0.28，上反角 Γ''=8.0° は不変）

〈垂直尾翼〉
　翼面積 S_V =152（m^2）　　⇒　142（m^2）
　翼幅 b_V =13.5（m）　　　⇒　13.0（m）
　（後退角 Λ_V=51°，テーパ比 λ_V=0.3 は不変）

〈胴体〉
　胴体長 L_B =68.6（m）　　⇒　66.3（m）
　胴体径 d =6.5（m）　　　⇒　6.28（m）

〈その他〉
　離陸重量 W_{TO}=380 t
　（アスペクト比 $A=b^2/S$=6.95 は不変）

　後退角にはここで用いた前縁で表す場合の他に，翼弦長の1/4線の後退角 $\Lambda_{C/4}$，翼弦長の1/2線の後退角 $\Lambda_{C/2}$ などがあるが，主翼平面形を表すには幾何学的にわかりやすい前縁の後退角を用いるのが便利である．

　また，主翼の上反角 Γ については，別途飛行特性解析を行って決定するが，ここではとりあえず不変としておく．

　さて，以上の結果から，表5.1-1 に示した主翼の初期形状パラメータの内，実際に主として変更されるのは，主翼面積 S と翼幅 b である．もちろん，性能要求値を満たさなかった場合には，一定値としたパラメータも変更・修正して，最適な解を選択する必要がある．具体的に初期形状からの変化を数値で比較したものを**表 5.2-1** に示す．本例題の場合は，アスペクト比，テーパ比，後退角が同じであるので，当初設定した主翼形状と相似形の主翼である．

　初期形状と設計結果との3面図の比較を**図 5.2-8** に示す．初期形状から若干サイズの小さい機体となったが，初期形状から大きな変化はしていない．これ

(a) 初期形状　　　　　　　　　(b) 設計結果

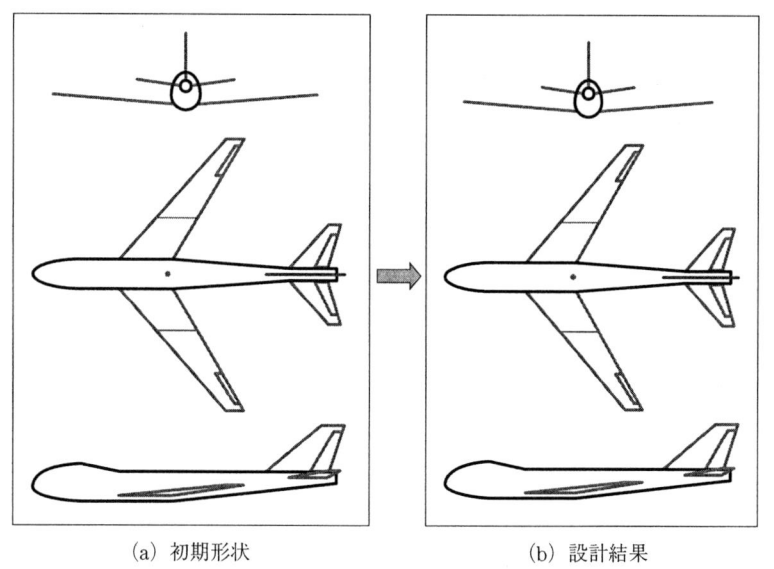

図 5.2-8　初期形状と設計結果の比較

は，翼面積と翼幅を若干変化させただけで飛行性能要求値を満足したためである．このように，初期の形状は最終的な形状に大きく影響するため，初期形状の設定は非常に重要である．ただし，このような概念設計結果がそのまま最終形状となるわけではない．これから，細部の機体形状データを変化させて，最適な形状に仕上げていくわけである．

5.3　種々の機体の設計例

本節では，種々の機体について設計した結果を示す．

5.3.1　450人乗り旅客機

ケース1（図 5.3-1）およびケース2（図 5.3-2）共に，航続距離 $R = 12{,}000$ km であるが，燃費をそれぞれ $b_J = 0.60$, 0.55 (kgf/h) と変化させた場合である．

5.1.5 に述べたように，巡航による燃料は $R \cdot b_J$ が大きい程多く必要となる．

第 5 章　飛行機設計の具体的手順

ケース1
- 航続距離　$R = 12{,}000\text{km}$
- 離陸滑走路長　$s_{TO} = 2{,}680\text{m}$
- 着陸滑走路長　$L_d = 1{,}620\text{m}$
- 接地速度　$V_{TD} = 120\text{kt}$

$b_J = 0.60$

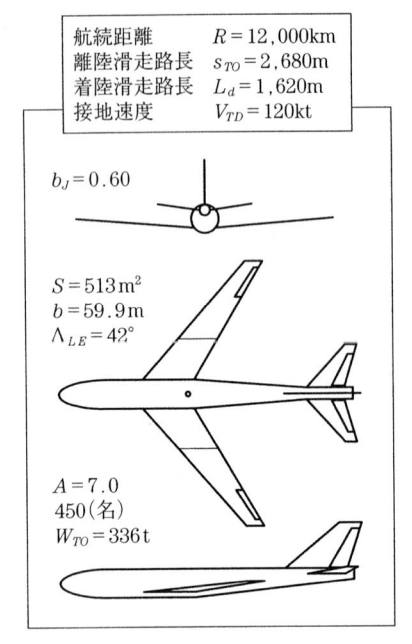

$S = 513\text{m}^2$
$b = 59.9\text{m}$
$\Lambda_{LE} = 42°$

$A = 7.0$
450（名）
$W_{TO} = 336\text{t}$

図 5.3-1　ケース 1

ケース2
- 航続距離　$R = 12{,}000\text{km}$
- 離陸滑走路長　$s_{TO} = 2{,}540\text{m}$
- 着陸滑走路長　$L_d = 1{,}620\text{m}$
- 接地速度　$V_{TD} = 120\text{kt}$

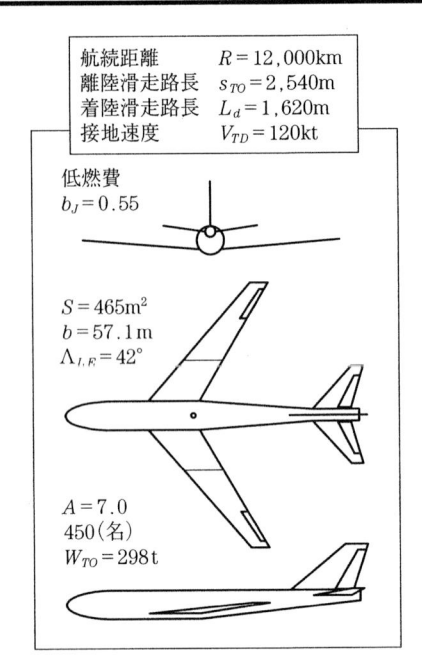

低燃費
$b_J = 0.55$

$S = 465\text{m}^2$
$b = 57.1\text{m}$
$\Lambda_{LE} = 42°$

$A = 7.0$
450（名）
$W_{TO} = 298\text{t}$

図 5.3-2　ケース 2

- 航続距離　$R = 10{,}600\text{ km}$
- 離陸滑走路長　$s_{TO} = 3{,}300\text{ m}$
- 着陸滑走路長　$L_d = 2{,}060\text{ m}$
- 主翼面積　$S = 511\text{ m}^2$
- 翼幅　$b = 59.6\text{ m}$
- 前縁後退角　$\Lambda_{LE} = 42°$
- アスペクト比　$A = 7.0$
- 乗員・乗客　450（名）
- 離陸重量　$W_{TO} = 352\text{ t}$

〈B 747-200〉

図 5.3-3　B 747-200 の性能と機体諸元[24]

この場合，燃料比 W_{fuel}/W_{TO} が大きくなるので，自重比 W_{emp}/W_{TO} が小さくなる．したがって，この小さな自重比を達成するために，大きな離陸重量 W_{TO} が必要になるので，ケース 1 の離陸重量は大きくなっている．

5.3.2 800人乗り旅客機

本ケース（図 5.3-4）は，超大型機の場合である．航続距離 $R=15,000\text{ km}$，燃費 $b_J=0.55$（kgf/h）とすることで，A 380 機とほぼ同じ諸元の機体が得られる．ただし，着陸滑走路長 L_d が A 380 よりも小さい結果となったので，A 380 の接地速度 V_{TD} がもう少し大きいのではないかと思われる．

航続距離　　　$R=15,000\text{ m}$
離陸滑走路長　$s_{TO}=3,000\text{ m}$
着陸滑走路長　$L_d=1,620\text{ m}$
接地速度　　　$V_{TD}=120\text{ kt}$

$b_J=0.55$

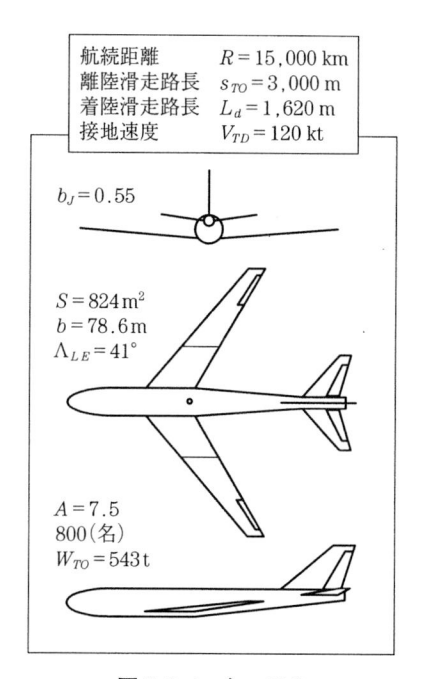

$S=824\text{ m}^2$
$b=78.6\text{ m}$
$\Lambda_{LE}=41°$

$A=7.5$
800（名）
$W_{TO}=543\text{ t}$

図 5.3-4　ケース 3

航続距離　　　$R=14,800\text{ km}$
離陸滑走路長　$s_{TO}=2,990\text{ m}$
着陸滑走路長　$L_d=2,100\text{ m}$
主翼面積　　　$S=845\text{ m}^2$
翼幅　　　　　$b=79.6\text{ m}$
前縁後退角　　$\Lambda_{LE}=37°$
アスペクト比　$A=7.5$
乗員・乗客　　800（名）
離陸重量　　　$W_{TO}=560\text{ t}$

〈A 380-800〉

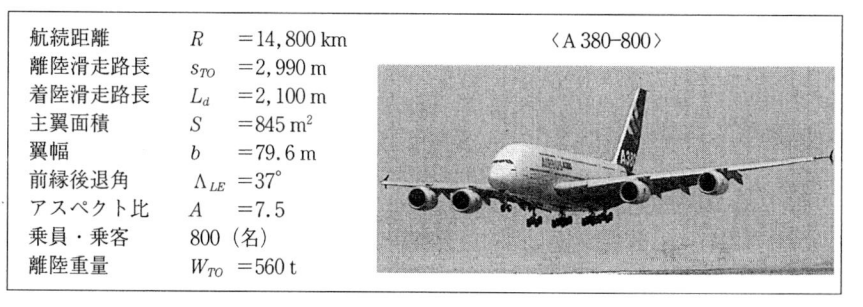

図 5.3-5　A 380-800 の性能と機体諸元[27]

5.3.3 300人乗り旅客機

ケース4～ケース6（図5.3-6～図5.3-9）は，いずれも300人乗りの場合であるが，これらの3ケースはアスペクト比をそれぞれ$A=6.0$，8.0，10.0と変化させた場合である．航続距離は$R=10,000\,\mathrm{km}$，燃費は$b_J=0.60$（kgf/h）である．

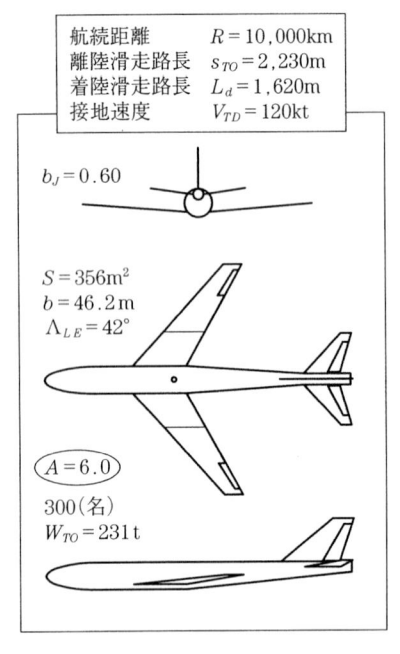

図5.3-6　ケース4

- 航続距離　$R=10,000\,\mathrm{km}$
- 離陸滑走路長　$s_{TO}=2,230\,\mathrm{m}$
- 着陸滑走路長　$L_d=1,620\,\mathrm{m}$
- 接地速度　$V_{TD}=120\,\mathrm{kt}$
- $b_J=0.60$
- $S=356\,\mathrm{m}^2$
- $b=46.2\,\mathrm{m}$
- $\Lambda_{LE}=42°$
- $A=6.0$
- 300（名）
- $W_{TO}=231\,\mathrm{t}$

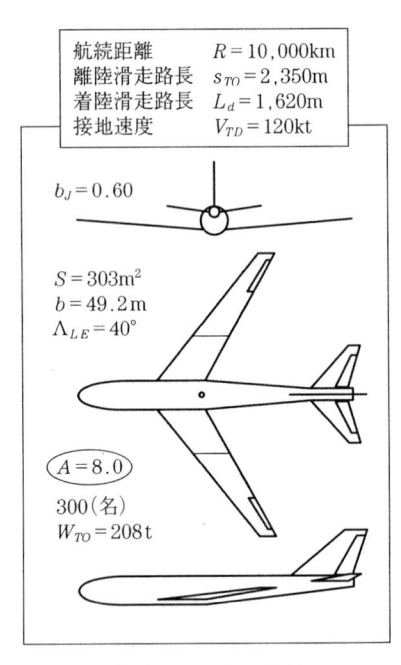

図5.3-7　ケース5

- 航続距離　$R=10,000\,\mathrm{km}$
- 離陸滑走路長　$s_{TO}=2,350\,\mathrm{m}$
- 着陸滑走路長　$L_d=1,620\,\mathrm{m}$
- 接地速度　$V_{TD}=120\,\mathrm{kt}$
- $b_J=0.60$
- $S=303\,\mathrm{m}^2$
- $b=49.2\,\mathrm{m}$
- $\Lambda_{LE}=40°$
- $A=8.0$
- 300（名）
- $W_{TO}=208\,\mathrm{t}$

図5.3-8　B 767-300の性能と機体諸元[27]

- 航続距離　$R=10,900\,\mathrm{km}$
- 離陸滑走路長　$s_{TO}=2,740\,\mathrm{m}$
- 着陸滑走路長　$L_d=1,680\,\mathrm{m}$
- 主翼面積　$S=283\,\mathrm{m}^2$
- 翼幅　$b=47.6\,\mathrm{m}$
- 前縁後退角　$\Lambda_{LE}=34°$
- アスペクト比　$A=8.0$
- 乗員・乗客　290（名）
- 離陸重量　$W_{TO}=181\,\mathrm{t}$

〈B 767-300〉

```
航続距離      R = 10,000km
離陸滑走路長   s_TO = 2,470m
着陸滑走路長   L_d = 1,620m
接地速度      V_TD = 120kt
```

$b_J = 0.60$

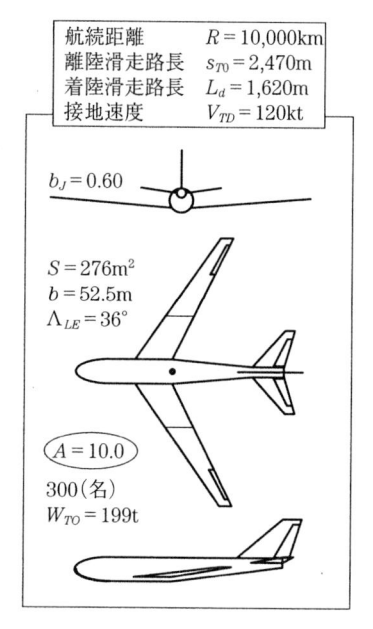

$S = 276\text{m}^2$
$b = 52.5\text{m}$
$\Lambda_{LE} = 36°$

$A = 10.0$
300(名)
$W_{TO} = 199\text{t}$

図 5.3-9　ケース 6

3.1 節に述べたように，アスペクト比 A を大きくすると，誘導抗力の比例係数 k が小さくなる．揚抗比 C_L/C_D は $\sqrt{k}$ に逆比例するから，揚抗比が大きくなり，結果として巡航に要する燃料が少なくなる．したがって，離陸重量 W_{TO} を小さくできる．

B 767-300 機のアスペクト比は $A = 8.0$ であるので，ケース 5 の結果と比較すると，実機の方が離陸重量 W_{TO} が若干小さめの値となっている．

5.3.4　130人乗り旅客機

本ケース（図 5.3-10）は，130人クラスの機体の場合である．燃費はやや悪く $b_J=0.70$（kgf/h）とした．設計結果は，下記のように，B 737-200 機の性能および機体諸元とほぼ同様な機体が得られた．

```
航続距離         R = 4,000 km
離陸滑走路長     s_TO = 1,500 m
着陸滑走路長     L_d = 1,500 m
接地速度         V_TD = 115 kt
```

$b_J = 0.70$

$S = 95.4 \text{m}^2$
$b = 27.5 \text{m}$
$\Lambda_{LE} = 28°$

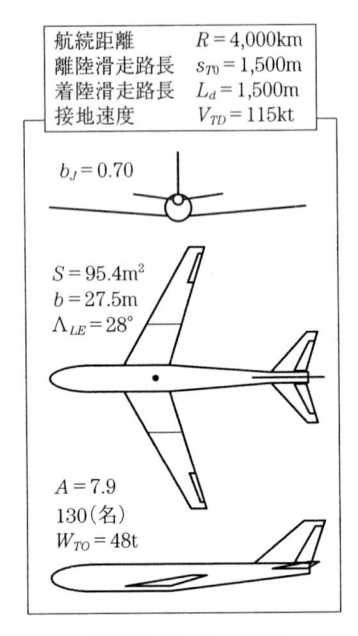

$A = 7.9$
130（名）
$W_{TO} = 48 \text{t}$

図 5.3-10　ケース 7

```
航続距離         R   = 4,200 km
離陸滑走路長     s_TO = 1,620 m
着陸滑走路長     L_d  = 1,370 m
主翼面積         S   = 102 m²
翼幅             b   = 28.4 m
前縁後退角       Λ_LE = 28°
アスペクト比     A   = 7.9
乗員・乗客            130（名）
離陸重量         W_TO = 52 t
```

〈B 737-200〉

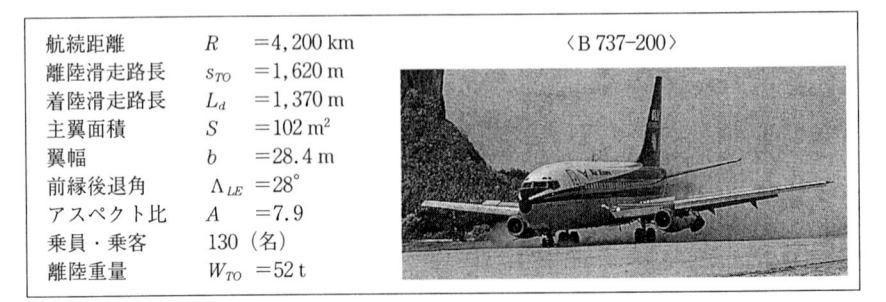

図 5.3-11　B 737-200 の性能と機体諸元[24]

5.3.5 50人乗り旅客機

本ケース（図5.3-12）は，50人クラスの機体の場合である．燃費は更に悪く $b_J=0.80$（kgf/h）とした．設計結果は，下記のように，ボンバルディア CRJ 200 機の性能および機体諸元とほぼ同様な機体が得られた．

航続距離　$R=3,000$km
離陸滑走路長　$s_{TO}=1,500$m
着陸滑走路長　$L_d=1,400$m
接地速度　$V_{TD}=112$kt

$b_J=0.80$

$S=41.6$m^2
$b=18.2$m
$\Lambda_{LE}=25°$

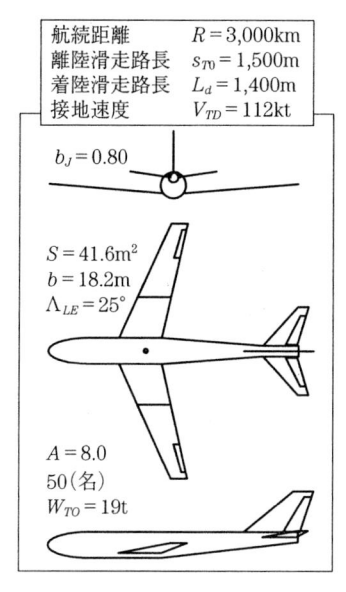

$A=8.0$
50（名）
$W_{TO}=19$t

図5.3-12　ケース8

航続距離	R	$=3,050$ km
離陸滑走路長	s_{TO}	$=1,530$ m
着陸滑走路長	L_d	$=1,420$ m
主翼面積	S	$=54$ m^2
翼幅	b	$=21.2$ m
前縁後退角	Λ_{LE}	$=27°$
アスペクト比	A	$=8.3$
乗員・乗客	50（名）	
離陸重量	W_{TO}	$=23$ t

〈ボンバルディア CRJ 200〉

図5.3-13　ボンバルディア　CRJ 200 の性能と機体諸元[27]

5.3.6 10人乗り旅客機

本ケース（**図5.3-14**）は，10人クラスの機体の場合である．燃費は前ケースと同じく $b_J=0.80$（kgf/h）とした．設計結果は，航続距離を少し長く設定したため，下記のリアジェット60よりも離陸重量がやや大きめ目な機体が得られた．

航続距離　　　$R=6{,}500$ km
離陸滑走路長　$s_{TO}=1{,}400$ m
着陸滑走路長　$L_d=1{,}400$ m
接地速度　　　$V_{TD}=112$ kt

$b_J=0.80$

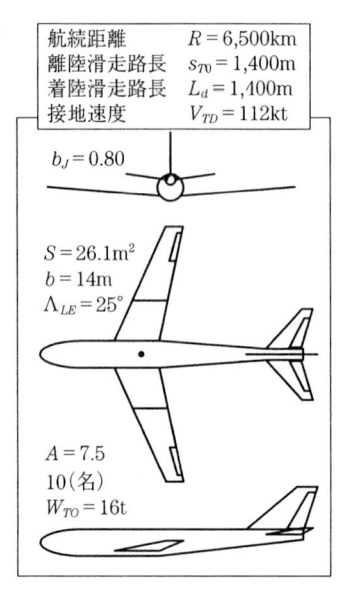

$S=26.1\mathrm{m}^2$
$b=14\mathrm{m}$
$\Lambda_{LE}=25°$

$A=7.5$
10（名）
$W_{TO}=16\mathrm{t}$

図5.3-14　ケース9

航続距離　　　$R=5{,}080$ km
離陸滑走路長　$s_{TO}=1{,}580$ m
主翼面積　　　$S=24.6\ \mathrm{m}^2$
翼幅　　　　　$b=13.3$ m
前縁後退角　　$\Lambda_{LE}=18°$
アスペクト比　$A=7.2$
乗員・乗客　　11（名）
離陸重量　　　$W_{TO}=10$ t

〈リアジェット 60〉

図5.3-15　リアジェット 60の性能と機体諸元[27]

5.3.7 4人乗り軽飛行機

本ケース（図 5.3-16）は，4 人乗りのプロペラ単発機の場合である．燃費は $b_J=0.30$（kgf/h）と仮定した．設計結果は，下記のセスナ 172 スカイホークよりも離陸重量が若干大きめ目な機体が得られた．

航続距離　　　$R=1{,}000$km
離陸滑走路長　$s_{TO}=500$m
着陸滑走路長　$L_d=300$m
接地速度　　　$V_{TD}=55$kt

$b_J=0.30$

$S=14.8$m^2
$b=10.5$m
$\Lambda_{LE}=0°$

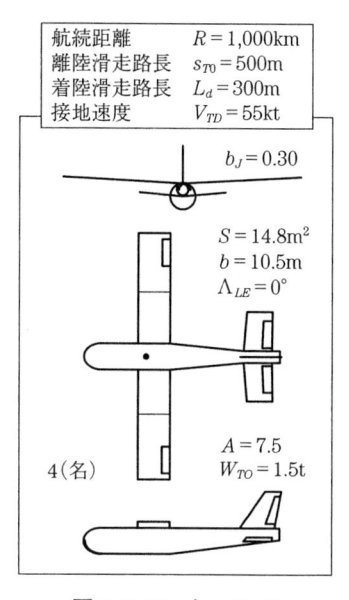

$A=7.5$
$W_{TO}=1.5$t

4（名）

図 5.3-16　ケース 10

航続距離　　　$R\ =1{,}070$ km
離陸滑走路長　$s_{TO}=510$ m
着陸滑走路長　$L_d\ =400$ m
主翼面積　　　$S\ =16.2$ m^2
翼幅　　　　　$b\ =11.0$ m
前縁後退角　　$\Lambda_{LE}=0°$
アスペクト比　$A\ =7.5$
乗員・乗客　　4（名）
離陸重量　　　$W_{TO}=1.1$ t

〈セスナ 172 スカイホーク〉

図 5.3-17　セスナ 172 スカイホークの性能と機体諸元[24]

5.3.8 模型飛行機

本ケース（図 5.3-18）は，模型飛行機の場合である．模型飛行機の場合は，最適重量探索は行わず，直接離陸重量 $W_{TO}=0.15\,\mathrm{kgf}$ を入力して実施した結果である．

```
航続距離      R = 0.11km
離陸滑走路長   s_TO = 10m
着陸滑走路長   L_d = 10m
接地速度      V_TD = 9.4kt

b_J = 0.0001
S = 0.13m²
b = 0.79m
Λ_LE = 0°
A = 5.0
W_TO = 0.15kgf
模型飛行機
```

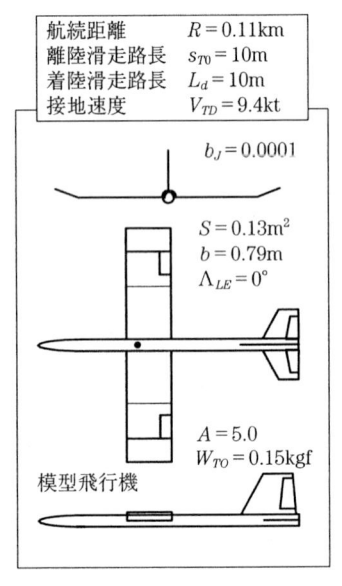

図 5.3-18　ケース 11

5.3.9 航続距離と離陸重量の関係

本節で述べたケース 1～ケース 10（除く模型飛行機）について，航続距離 R と離陸重量 W_{TO} との関係をまとめてみると**図 5.3-19** のようになる．また，この図の中に実機例も比較のために示した．

航続距離 $R=12{,}000\,\mathrm{km}$ のケース 1 とケース 2 との違いは，燃費の違いである．低燃費のケース 2 では離陸重量 W_{TO} が軽くなることがわかる．

航続距離 $R=10{,}000\,\mathrm{km}$ のケース 4～ケース 6 との違いは，アスペクト比の違いである．アスペクト比を大きくすると離陸重量 W_{TO} が軽くなることがわかる．

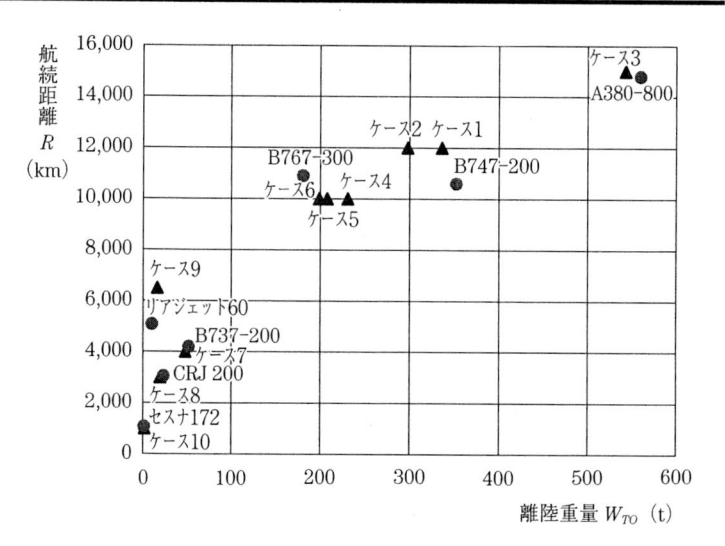

図 5.3-19　航続距離と離陸重量の関係

5.4　まとめ

　本章では飛行機設計の具体的手順について述べた．その概略は次のようにまとめられる．

　5.1 節では，まず飛行性能要求値について具体例を示した．本書の対象は旅客機としたので性能要求項目は，①ペイロード，乗員・乗客数，②航続距離，③離陸滑走路長，④着陸滑走路長，⑤接地速度，の5つである．

　次に，これらの性能を満足する推力重量比と翼面荷重を求めた．着陸滑走路長および接地速度の要求値から翼面荷重の最大値が決まる．翼面荷重は大きい程機体規模を小さくできる．この翼面荷重の値を用いて，航続距離および離陸滑走路長から推力重量比の最小値が決まる．なお，これらの計算過程で必要な燃料重量が求まる．

　次に，5.2 節において，まず離陸重量の推算を行った．離陸重量から燃料重量と要求項目①のペイロード，乗員・乗客の重量を差し引くと，自重が求められる．この値を離陸重量で割った自重比の値が重要である．自重は構造重量と

装備重量から成るので,自重比があまり低い値になると従来の製造技術では製造不可能となり,結局重量オーバーで大きな影響を与えることになる.

例えば,300 t の機体で,重量がわずか1%の3 t オーバーしたとすると,1人の乗客が荷物込みで100 kgf と仮定して約30人の乗客が乗れなくなるので,毎フライトごとにその分の代金を航空会社に罰金を払うことになってしまう.

一方,この自重の重量分を当初計画から増加すると更に大変なことになる.具体的な数値で見てみる.いま離陸重量300 t の機体で,自重が50%,燃料が40%,ペイロード,乗員・乗客が10%(30 t)とする.設計の進んだ段階で自重を10 t(3.3%)増やして53.3%にすると,燃料は40%必要であるから,残りの6.7%がペイロード,乗員・乗客分となる.ペイロード,乗員・乗客分は30 t 必要であるから,これが6.7%に相当するので,離陸重量は450 t となり約50%も増加してしまうことになる.この離陸重量が大幅に増大する状況を次式の係数 k で表し,これを**増大係数**(growth factor)という.

$$k = \frac{W_{TO}}{W_{fixed}} = \frac{1}{1 - W_{emp}/W_{TO} - W_{fuel}/W_{TO}} = \frac{1}{1 - 0.533 - 0.4} = \frac{1}{0.067} = 15$$

$$\therefore W_{TO} = k \cdot W_{fixed} = 15 \times 30 = 450 \text{ t} \quad (\leftarrow 50\% \text{ 増加})$$

このように,自重比の値を製造過程でオーバーしないように,実際に運用されている機体の統計値を参考にして決めていくことが重要である.もちろん新しい技術や材料を採用して重量軽減にチャレンジしていくことは,他社の飛行機を性能的に凌駕するためにも重要なことであることはいうまでもない.離陸重量が決まると,5.1節で求めた推力重量比と翼面荷重の値を用いて,必要な離陸推力と主翼面積の値を決定することができる.

主翼面積が決まったので,次は主翼の平面形を決定していく.実は,この主翼の平面形はこれまでの設計過程の中で決めながら性能計算をしているので,ほとんど決まっていると考えてよい.主翼の平面形を決めるパラメータは,①主翼面積,②翼幅,③テーパ比(先細比),④後退角,の4つである.空力性能に最も関係するアスペクト比(縦横比)は,①と②から得られるものである.なお,これ以外に主翼の上反角のパラメータがあるが,これは横・方向の飛行特性を勘案して決めるものである.

5.4 まとめ

　以上のように，主翼および胴体を決めていくわけであるが，これだけでは飛行機は安全に飛行することはできない．それは，ここまでの設計過程においては，飛行機は1つの質点運動としての力学原理に基づいて，飛行性能要求を満足する条件を決めたに過ぎない．次は飛行機を剛体の運動として，回転運動における安定条件を考慮して，水平尾翼および垂直尾翼の設計が必要となる．これについては，第3章に述べた．

　最後に，5.3節において，種々の機体例について設計した結果を示した．実際に運用されている飛行機の性能要求値に対して，本書で述べた手順で設計した結果は，実機の機体諸元と比較的よく合うことがわかる．なお，本章の初めにも述べたように，最初に設定する初期形状パラメータは重要であることは，実際の例題を通して理解していただけたと思う．もちろん当初設定した数値は，設計の進捗とともに変化していくわけであるが，機体の大きさは変化したとしても主翼形状などは当初設定した形のイメージを変えないように，ほぼ相似形で変化させるのがよい．逆に，主翼平面形の設計は比較的自由であると言い換えてもよい．飛行機の用途・目的によって機体形状は異なるわけであるが，その中でも自分が良いと思う形を創造していくのが設計である．そのようにしてできた飛行機は格好が良く，また性能も良いものになっていると考えられる．

参 考 文 献

1) Shortal, J. A. and Maggin, B. : Effect of Sweepback and Aspect Ratio on Longitudinal Stability Characteristics of Wings at Low Speeds, NACA TN-1093, 1946.
2) Perkins, C. D. and Hage, R. E. : Airplane Performance Stability and Control, John Wiley & Sons, Inc., 1949.
3) Kármán, Th. von : AERODYNAMICS Selected Topics in the Light of Their Historical Development, Cornell University Press, 1954.
   〔谷　一郎訳：飛行の理論，岩波書店，1956.〕
4) Furlong, G. C. and Mchugh, J. G. : A Summary and Analysis of the Low-speed Longitudinal Characteristics of Swept Wings at High Reynolds Number, NACA TR-1339, 1957.
5) Hoerner, S. F. : Fluid-Dynamic Drag, Published by the Author, 1958.
6) Abbott, I. H. and von Doenhoff, A. E. : Theory of Wing Sections, Dover Publications, Inc., 1959.
7) 守屋富次郎：空気力学序論，培風館，1959.
8) 山名正夫，中口　博：飛行機設計論，養賢堂，1968.
9) Heffley, R. K. and Jewell, W. F. : Aircraft Handling Qualities Data, NASA CR-2144, 1972.
10) Nicolai, L. M. : Fundamentals of Aircraft Design, METS, Inc., 1975.
11) Burns, B. R. A. : The Design and Development of a Military Combat Aircraft, Interavia, 3, 5, 6, 7/1976.
12) Hoak, D. E. and Finck, R. D., : USAF Stability and Control DATCOM, Flight Control Division, Air Force Flight Control Laboratory, Wright-Patterson Air Force Base, Ohio, Revised 1978.
13) Huenecke, K, : Modern Combat Aircraft Design, Naval Institute Press, 1987.
14) Snyder, D. D. : Design Optimization of Fighter Aircraft, AGARD-LS-153 (-7), 1987.
15) Sacher, P. W. : Fundamentals of Fighter Aircraft Design, AGARD-R-740 (-1), 1987.
16) Parker, J. L. : Mission Requirements and Aircraft Sizing, AGARD-R-740 (-2), 1987.

参考文献

17) Blakelock, J. H. : Automatic Control of Aircraft and Missiles, Second Edition, John Wiley & Sons, 1991.
18) Department of Defense Handbook, Flying Qualities of Piloted Aircraft, MIL-HDBK-1797, 1997.
19) Jenkinson, L. R., Simpkin, P. and Rhodes, D. : Civil Jet Aircraft Design, Butterworth Heinemann, 1999.
20) Roskam, J. : Airplane Design Part Ⅵ, Preliminary Calculation of Aerodynamic, Thrust and Power Characteristics, DAR Corporation, 2000.
21) 航空宇宙学会編：航空宇宙工学便覧（第3版），丸善，2005年．
22) Raymer, D. : Aircraft Design: A Conceptual Approach, Fourth Edition, AIAA, Inc., 2006.
23) 久世紳二：旅客機の開発史，日本航空技術協会，2006．
24) 航空情報別冊：世界航空機年鑑2006～2007年版，2006．
25) （財）日本航空機開発協会：航空機関連データ集，2007．
    同ホームページ内 http://www.jadc.or.jp/jadcdata.htm
26) 片柳亮二：航空機の飛行力学と制御，森北出版，2007．
27) 航空情報別冊：世界航空機年鑑2008～2009年版，2009．

（写真提供）
世界航空機年鑑2006～2007年版
  （B 747-200），（B 737-200），（セスナ 172 スカイホーク）
世界航空機年鑑2008～2009年版
  （A 380-800），（B 767-300），（ボンバルディア CRJ 200），（リアジェット60）

索　引 (五十音順)

〔あ 行〕

亜音速 …………………………… 54
アスペクト比 …………………… 2
圧力係数 ………………………… 28
圧力抵抗 ………………………… 15
安全離陸速度 …………………… 129
1次遅れ ………………………… 98
渦発生板 ………………………… 65
薄翼失速型 ……………………… 32
薄翼理論 ………………………… 29
運動量 …………………………… 8
NACA 4字系翼型 ……………… 23
NACA 5字系翼型 ……………… 25
NACA 6シリーズ翼型 ………… 25
MAC ……………………………… 60
エルロン ………………………… 79
エレベータ ……………………… 79
音速 ……………………………… 54

〔か 行〕

荷重倍数 ………………………… 98
加速感度 ………………………… 98
カップリング項 ………………… 116
幾何学的ねじり下げ …………… 53
CAP ……………………………… 99
キャンバー ……………………… 24
境界層 …………………………… 15
境界層板 ………………………… 65
空気密度 ………………………… 8
空力 ……………………………… 7
空力中心 ………………………… 54
空力的ねじり下げ ……………… 53

空力平均翼弦 …………………… 60
クッタ・ジュコフスキーの条件 … 21
クッタ・ジュコフスキーの定理 … 21
形状抵抗 ………………………… 15
減衰比 …………………………… 90
後縁 ……………………………… 19
後縁失速型 ……………………… 32
後縁フラップ …………………… 152
降下角 …………………………… 94
航続距離 ………………………… 119
後退角 …………………………… 1
後退翼の揚力傾斜 ……………… 63
高揚力装置 ……………………… 46
後流渦 …………………………… 41
抗力 ……………………………… 7
抗力係数 ………………………… 13
抗力最小 ………………………… 75
固有角振動数 …………………… 90

〔さ 行〕

最小断面抵抗 …………………… 31
最大翼厚 ………………………… 23
先細比 …………………………… 1
3次元翼の空力中心 …………… 58
CFD ……………………………… 36
次元解析 ………………………… 14
自重比 …………………………… 161
自然対数 ………………………… 125
失速 ……………………………… 32
失速速度 ………………………… 129
自由渦 …………………………… 41
重心後方限界 …………………… 138
重心前方限界 …………………… 133

索引

修正係数 ……………………… 48
主翼 …………………………… 1
循環分布 ……………………… 49
循環流 ………………………… 21
巡航飛行 ……………………… 119
上昇角 ………………………… 94
上反角 ……………………… 1, 103
上反角効果 …………………… 102
尻すり角 ……………………… 45
垂直尾翼 ……………………… 1
水平尾翼 ……………………… 1
水平尾翼効率 ………………… 82
水平尾翼容積比 ……………… 85
推力 …………………………… 7
推力重量比 …………………… 131
スパイラル運動 ……………… 117
静安定余裕 …………………… 86
設計揚力係数 ………………… 29
接地速度 ……………………… 137
零揚力角 ……………………… 29
前縁 …………………………… 19
前縁失速型 …………………… 32
前縁半径 ……………………… 24
全機の空力中心 ……………… 85
せん断応力 …………………… 15
操縦予測パラメータ ………… 99
増大係数 ……………………… 178
層流境界層 …………………… 37
層流翼 ………………………… 25
束縛渦 ………………………… 41

〔た 行〕

楕円分布 ……………………… 42
楕円翼 ………………………… 42
ダッチロール ………………… 113
縦系の運動 …………………… 77
縦静安定微係数 ……………… 80
縦短周期運動 ………………… 90

縦の静安定 …………………… 80
DATCOM法 ………………… 105
着陸アプローチ ……………… 93
着陸滑走距離 ………………… 134
着陸滑走路長 ………………… 134
着陸距離 ……………………… 134
長周期運動 …………………… 92
テーパ比 ……………………… 1
動圧 …………………………… 9
動粘性係数 …………………… 16
トリム ………………………… 57

〔な 行〕

ナビエ・ストークスの運動方程式 ……… 36
ねじり下げ …………………… 53
粘性 …………………………… 15
粘性係数 ……………………… 16
燃料重量 ……………………… 159

〔は 行〕

バックサイド ………………… 96
バックサイドパラメータ …… 96
非圧縮性 ……………………… 16
ビオ・サバールの渦の法則 … 50
飛行機効率 …………………… 69
飛行経路角 …………………… 94
飛行性能 ……………………… 119
飛行性能要求値 ……………… 142
ピッチ角速度 ………………… 77
ピッチダンピング空力微係数 … 88
表面摩擦抵抗 ………………… 15
風圧中心 ……………………… 56
吹き上げ ……………………… 42
吹き下ろし …………………… 42
フゴイドモード ……………… 92
フラップ ……………………… 46
プラントルの境界層方程式 … 36
プラントルの揚力線理論 …… 41

ブレーキ摩擦係数	136		ヨーダンピング空力微係数	111
ブレゲーの式	121		翼厚比	24
フロントサイド	96		翼型	22
平均空力翼弦	58		翼型の最小抗力係数	35
平均翼弦	60		翼型の最大揚力係数	34
平板翼	19		翼弦長	4
ペイロード	159		翼端渦	41
ベルヌーイの定理	11		翼端失速	64
方向安定	107		翼断面	2
ポテンシャル流	20		翼幅	1
			翼面荷重	131
〔ま 行〕			翼面積	1
マグナス効果	21		横・方向系の運動	77
摩擦抵抗係数	38		横滑り運動	101
マッハ数	54		横滑り角	78
マニューバポイント	100			
マニューバマージン	100		〔ら 行〕	
			ラダー	79
〔や 行〕			ラプラス変換	99
有害抗力係数	68		乱流境界層	38
誘起速度	50		理想迎角	27
有次元空力微係数	90		離陸滑走距離	130
誘導迎角	43		離陸滑走路長	130
誘導抗力	43		離陸重量	159
揚抗比	74		離陸速度	129
揚力	1,7		離陸引き起こし	132
揚力傾斜	29,44		レイノルズ数	16
揚力係数	10,13		ロール角速度	77
揚力分布	49		ロールダンピング空力微係数	110
ヨー角速度	77		ロールの効き	116

―――― 著者略歴 ――――

片柳　亮二（かたやなぎ　りょうじ）
東京大学博士（工学）

1946年	群馬県生まれ
1970年	早稲田大学理工学部機械工学科卒業
1972年	東京大学大学院工学系研究科修士課程（航空工学）修了．同年，三菱重工業㈱名古屋航空機製作所に入社．T-2CCV機，QF-104無人機，F-2機等の飛行制御系開発に従事．同社プロジェクト主幹を経て
2003年	金沢工業大学教授
2016年〜	金沢工業大学客員教授
	現在に至る．

飛行機設計入門
――飛行機はどのように設計するのか――

NDC 538

2009年8月20日　初版1刷発行
2025年3月28日　初版14刷発行

（定価はカバーに表示してあります．）

　Ⓒ著　者　片　柳　亮　二
　　発行者　井　水　治　博
　　発行所　日刊工業新聞社
　　　〒103-8548　東京都中央区日本橋小網町14-1
　　　電話　書籍編集部　03（5644）7490
　　　　　　販売・管理部　03（5644）7403
　　　　　　ＦＡＸ　　　　03（5644）7400
　　　振替口座　00190-2-186076
　　　ＵＲＬ　https://pub.nikkan.co.jp/
　　　e-mail　info_shuppan@nikkan.tech

　　　制　作　日刊工業出版プロダクション
　　　印刷・製本　デジタルパブリッシングサービス

落丁・乱丁本はお取り替えいたします．　　2009 Printed in Japan
ISBN 978-4-526-06317-6　C 3053

本書の無断複写は，著作権法上での例外を除き禁じられています．